U0001604

那些我們以為靈光一閃的時刻

都是因為日常的累積。

森林有森林的法則

每個領域、每項工作

也有各自的法門。

企劃人

就是設法找出正確路徑的人。

成為企劃人

人

李惠貞——

著

BECOMING A WAYFINDER

CONTENTS

命運、神、運氣，都是你無能為力的事，
你唯一能掌握的只有努力。
努力需要精準，意思是，它需要專注、調校準確，
如果你隨意下工夫，那就是蠻力。
盲目地使力不能使你有所成就。
合適的行動、合適的時間、合適的地方，全部都重要，
要讓這些發生，你需要洞察力和智慧。
洞察力指的是，你必須有能力如實地看到事物的原貌，
如果你能夠如實地看到事物的原貌，
你就會有所需的智慧去進行它。
如果你看到所有事物的原貌，生命就變成一場遊戲，
你可以愉悅地玩這場遊戲，你肯定也可以出色地玩。
不需要想著「我要成功」，
你玩得好，別人自然會認為你是成功的。

——————— 薩古魯（Sadhguru）*

薩古魯：詩人、瑜伽士、神祕主義者，印度五十位最具影響力人物之一，榮獲三次印度總統獎。他是廣受歡迎的演說家，曾於聯合國世界和平高峰會議、世界經濟論壇、TED及無數學院演講。他致力於提升全人類的身、心與靈性的幸福，歷年來發起多個環境保育計劃，並成立Isha基金會開設瑜伽課程、進行鄉村振興等援助計劃。

在世上行走順暢
的方式

從廣告跨入出版的第一份工作，我領到一張印著「企劃」
的名片。當時對企劃毫無概念，更不清楚具體的職務內
容。然而從那一刻開始，我遇見了將標識我此後人生的
身分，踏上一條無法定義（每個人告訴我的內容都不一
樣）、卻也充滿挑戰和樂趣的路。

也是從企劃工作開始，我逐漸明白，人並不是由工作所
定義，相反地，工作是由人所定義的。

多年後，從企劃轉任編輯，又從編輯成為自由工作者，
實驗沒人聽過、因此也無法理解的工作方式，終於，我
能以自己的方式為這項身分賦予定義。

原來「企劃」不是職稱，它是一種思考風格，使我們在世

上行走順暢的方式。

企劃是為使自己看得清晰，找出事物的脈絡，做出更明智的抉擇。

當我們在待人處事上逐漸建立這樣的信用，自然在世間行走時，阻礙會減少，能量能用在必要的地方。每個人都樂意與我們合作、提供我們資源，事情能成的機率自然提高，我們可以去實踐更多想要實踐的事。

我這一生的工作，不論職稱是什麼，在公司上班還是成為自由工作者，寫書、演講或辦活動，都是以企劃方式思考和行動。幾十年過去，累積了一些對企劃的認識，邊探索邊實踐的過程中，發展出自己的企劃思考架構，也更加確定，企劃不是為完成某項工作而已，企劃實際上是幫助我們立足更穩、前進更遠的助力。

蔦屋書店創辦人增田宗昭說，「未來每間企業都必須是企劃公司。」現今已不是用數量一較高下的年代，在這

個供過於求的時代，決定性的關鍵是企劃。

希望這本書不僅對讀者的人際關係及工作成就有幫助，
也能為自己及他人帶來更多幸福。

溝通的方法

Methods of
Communication

溝通
是企劃的基礎

進入企劃的討論之前,我們必須先學習有效溝通的重點,因為企劃就是放大版的溝通。

曾經訪問兩位不同領域的傑出經營者,問起「未來工作者最重要的能力」時,兩人不約而同提到「溝通能力」。這個答案,後來又在蔦屋書店創辦人增田宗昭的書裡、以及身邊的年輕創業家身上得到印證。

這道開放題明明有各種答案可以發揮,他們第一個想到的(並且毫不遲疑)卻都是溝通。

仔細回想,你應該會同意,我們一整天的工作和生活,九成都和溝通有關。不論是透過e-mail做各種聯繫、line回覆工作進度、開會簡報、向客戶提案、家人談

話、朋友聊天，甚至只是去便利商店買個東西或搭計程車向司機大哥說明地點……其實都是溝通。溝通順暢的話，你會神清氣爽，覺得一切都非常順利；溝通不良的時候，即便只是一件小事也會壞了一整天的心情。

許多人以為只有特殊職業或身分的人才需要具備談判或說服的能力，事實上，我們每一天、每個時刻的表達，不論使用文字還是語言，只要是雙向的行為，多少都帶有需要對方理解並接受的目的。除非自說自話，否則只要有傾聽對象，為使對方明白或接受訊息，肯定需要溝通。

溝通就像是搭一座橋，使雙方靠近。溝通的橋梁能不能建立起來，決定了我們能不能走向對方，把訊息確實傳遞給他。

許多人都有誤解，以為話多、外向的人，也較擅長溝通。事實上並非如此。並不是「很會說話」或「話說得很多」就能達到溝通目的，也並非愛說話的人才需要學習

溝通。不喜歡說話的人（我自己便是）更要重視溝通。正因為不想多費唇舌，溝通才需要精準，否則會造成更多麻煩，需要更多解釋。

獨立工作之後，很常收到各種邀約，這些邀約信，有的邏輯清楚，重點及細節層次分明，所有需要知道的資訊一目了然。然而也有眾多信件，需要多封往返，不是資訊不足就是語意不清。在此情況下，有些邀約我第一時間就婉拒了，因為溝通成本太高。對方大概沒想過是因為溝通不良而被拒，大部分人可能會以為是邀約條件的問題。

一對一溝通都不順暢的話，一對多的情況更難以掌握。企劃就是各種一對一、一對多的複雜聯集。溝通是一切的基礎。因此，在進入企劃的方法之前，我們先來談談溝通的基本條件。

溝通三要素

不論是人際溝通還是工作往來，不論是大眾傳播或是一對一行銷，溝通的本質都是不變的，可以簡化為三個要素：

傳播者(我是誰)　　訊息(說什麼)　　接收者(對誰說)

針對這三要素，我整理了溝通的四個重點(簡稱SPET)：

　　真誠（Sincere）
　　目的（Purpose）
　　同理（Empathy）
　　思考（Think）

若能掌握這四個重點，我相信不僅工作表現會提升，人際關係也會大幅改善。

以下便針對這四個層面詳細說明。

溝通的四個重點

有時候，你以為自己正在做的事情會帶給別人快樂，
但其實你的行動讓他們痛苦。
光是有讓人快樂的意願是不夠的，
畢竟你所認定的快樂不見得適合其他人。
要讓別人快樂，就要了解對方的需求、苦、渴望。
不要自以為知道什麼能讓別人快樂，要問對方：
「什麼會讓你快樂？」

——————《怎麼愛》

真誠（Sincere）

真誠的起點是「我」。

我是否認識自己？知道自己真正想說的話？

「真」是真實,「誠」是開放和建立橋梁。真誠是溝通的第一步,也是我認為溝通當中最強大的力量。倘若能做到真誠,還沒開口,對方就已經想聽了,溝通已成功一半。

剛接任《Shopping Design》總編輯時,我便面臨一道關卡——「我」是誰?我所代表的刊物是什麼樣的雜誌?前任總編輯為雜誌設定的主軸「買設計‧學設計‧享受設計」並不是我擅長的方向,我要如何讓新階段的《Shopping Design》成為「我的」雜誌?

這課題成為一年多的學習,邊摸索邊前進,慢慢找到自己和雜誌的連結,探索出雜誌的新定位——設計是為「人」,消費是一種觀點,《Shopping Design》是為了喚起消費和生活的意識。至此,我才真正建立了雜誌與我、與讀者的橋梁。這件事並非拿到總編輯名片那天就能成立,而是根植於真誠的心態。如果一開始我就欺騙自己能夠模仿,終有一天會完全失去方向。

真誠是一把利斧,切斷虛假的表面。真誠面對自己有時

會很痛苦，因為我們得正視自己不願面對的那一面，但也因此，我們才有辦法向彼此靠近，使對方願意聆聽。

真誠所散發的訊息是「我信任你，希望你也能信任我」。溝通的當下，確實和自己在一起，也和對方在一起。

想起一則故事。我所尊敬的智者薩古魯，有一回接受新聞記者採訪，對方問他：「對現在的你來說，誰是你生命中最重要的人？」薩古魯毫不猶豫回答：「你。」女記者嚇了一跳。他接著說：「我正在對你說話，你就是我此刻生命中最重要的人。我全副心力都在傾聽你。」

不論對方職銜是什麼，只要對話展開，「聽你說話」、「和你對話」就是此刻最重要的事。還會有什麼別的嗎？

真誠是創造一個空間，彼此能在這個空間裡交流。當我展現誠意，代表我和聽者（讀者）是對等的，沒有誰高高在上，也沒有哪一方必須卑躬屈膝。

真誠是一種氣場，在話說出口前先贏得尊重。

> 我們說出口的話是非常奧妙的，宛如一塊磁鐵，
> 會依照話中的氛圍，招來相對應的事物。
>
> ————《說話的品格》

從自己做起，創造一個令人感覺舒服的磁場。真誠是最快達成溝通目的之方法。

逢迎拍馬耍手段，實際上是繞遠路。就長遠來看，信用資產及人脈的建立，唯有真誠能達成。

《每一天的覺醒》書裡有一段很美的描述：「深深地認識一個人，彷彿從海洋聽見月亮(…)唯有勇於活出自己，方能深深認識別人。」

如果我們希望別人真誠對待我們，首先我們自己得先展現誠意。

真誠不意謂著不用腦，想說什麼便說。只是一旦要說，就不能有違「我是誰」。必須記住，我們表現出來的言行，都在形塑「我」這個品牌。每一次溝通，都在增強或削弱「我」是不是一個值得信賴的人，「我」說的話值不值得聆聽。

真誠並不是「說話很直」的藉口，這便需要了解溝通的另外三項元素。

目的（Purpose）

真誠與「我是誰」有關，目的則與「訊息」有關──說什麼、怎麼說。

你想去到哪裡？

目的即是思考「我為什麼要說這些話」。

未達目的的話語，就像駛錯方向的車，原本是想拉近距離，結果卻和對方愈離愈遠。

話語是有力量的，不僅僅是促成溝通。話語能成為祝福，也能傷人。如果傷人並非我們的原意，在表達真心之前，請先思考目的。

舉例來說，明知道對方生病，就不宜說出「你氣色好差」──雖是表達關心，卻只會加深對方的絕望。表達關心並不是為自己，而是為對方。那麼，我們可以不說「你氣色真好」這類假話，代之以「比我上回見到你進步

很多！」或其他能使他振奮又真心的表達。或者，根本就不要在氣色上作文章，做些會使他展現笑容的事，就是最好的治癒。使對方產生信心，這才是我們說話的目的。

父母對孩子的叨念也是一樣，我們總會「忍不住」說些什麼，話脫口而出很痛快，卻要承受未經思考的後果。無論對孩子說什麼，目的都是希望他「聽進去」，但是大部分父母的叨念卻只是適得其反。

賽門‧西奈克的「黃金圈」，可能很多朋友都聽過。他談黃金圈的那場TED演說已超過六千多萬次瀏覽。簡單來說，黃金圈分為三層，最外層是What、中間是How、最內層是Why。多數人及企業都是從外層開始，但是，賽門‧西奈克以蘋果公司、馬丁‧路德、華特兄弟為例，這些領導者的成功，是因為他們都是由內而外。

「激勵自己、打動人心的關鍵，不是你做什麼，而是你

為什麼而做。」

所以,「為什麼>說什麼」,這也是成功溝通的要件。想清楚目的,說出口的話一定會有所不同。有些話會少說,有些話可能根本不必說了。

寫文案也是一樣。如何介紹一場活動?目的是什麼?為達目的,讀者需要知道哪些資訊?介紹的目的不是「介紹」,而是要引起讀者興趣,激起他的好奇。辦活動的目的不是「辦」(What),而是為解決某個問題、改變某個觀念或促成某種行動(Why)。

發聲之前,先思考目的,才能往正確的方向邁進。

接下來就前進溝通的第三個元素:接收者。

◉ 溝通的四個重點 ◉

同理（Empathy）

我們都有被迫聽話的經驗：朝會時聽校長說話、公司裡聽老闆訓話、冗長無聊的會議、不知所云的演講……大人們常有說不完的話，卻沒注意到台下聽眾的心思早已不知飄到哪裡。

也許有人會認為這是聽者的問題，是他們不專心或不夠努力。然而，溝通是雙向的，會不會是說話者沒有在對話當中找到彼此的連結？沒有站在對方立場，試著從對方角度去發聲？

前述溝通有三項要素，然而你仔細觀察，大部分說話者都只想盡快把自己想說的話說完，並未考慮到聽話的人是否在聽、是否想聽、以及聽不聽得懂。即便說的是對聽者有用的話，也很真心，但若彼此沒有在同一個頻率上，那麼溝通依然不會成立。

同理的首要能力是聆聽。先前說「真誠」是創造一個空

間，我們得記住，在這個空間裡的不只有我（說話者），如果我只顧著說自己想說的，自己就把空間填滿了，容不下別人，那只是唱獨腳戲，並不是溝通。

聆聽和說話一樣重要，甚至更重要。傾聽對方的需要和心聲，我們才能把話語或文字傳遞出去。

我曾有幸向照明設計大師周鍊老師學到重要的一課，他說：「要讓空間中的事物更立體、更亮、看得更清楚，需要的並不是加光，而是減光。」說話也是一樣，適當的留白，能讓話語更有力量。留白是為了觀察和聆聽，以了解對方的想法及感受。

我們總是習慣從自己角度去看事情，因此「同理」可能是溝通當中最被忽視、也最不容易做到的部分。但是，各執一詞只會豎立高牆，製造對立，和造橋的意願完全相反。隨時放下自我的觀點，是溝通誠意最極致的展現。

前述三項重點，只要記得一點，溝通的效果就會有顯著

不同。

「真誠」是待人處事的原則，並不是溝通時才需要，讓它成為我們性格的一部分，就不需要特別去記住。需要提醒自己的，其實只有「目的」和「同理」。這兩件事，都跟「思考」有關。

思考 (Think)

溝通能力就是思考能力。

「說什麼話都要思考,不是很累嗎?」「以後都不知道怎麼講話了……」請先不必感到畏懼,思考是一種練習,習慣了之後,我們根本不會意識到它的運作。就如同「不經思考」也是一種慣性,倘若做什麼、說什麼都不假思索,久而久之思考能力就會鈍化。

話說回來,如果我們做的事、說的話與他人有關,先經過思考,不是理所當然的嗎?

我很喜歡關於佛陀的一則小故事:

有位婆羅門請教佛陀:「師父,您認為有什麼東西是我們可以殺死的?」佛陀回答:「有,憤怒。殺死憤怒可以消除苦痛,帶來平靜與快樂。」對憤怒微笑,輕輕捧著它,深深看進它的源頭,以慈悲與理解轉化它,就能「殺死」瞋心。佛陀的回答留給男子深刻的印象,於是

出家為僧。男子的堂兄得知此事，當面詛咒佛陀。佛陀只是笑了笑。這堂兄的怒氣更盛，問：「你為什麼沒反應？」佛陀回答：「如果有人拒絕收禮，禮物就得回到送禮的人手上。」

我們所有言行所造成的結果，最終都會回到我們自己身上。那麼，發聲及行動前先思考，是不是更為明智一些？

現在這個時代，人與人的交流幾乎沒有停歇，每一封簡訊、每一則留言，實際上都是溝通。只是我們未必意識到，大大小小對話的品質，都在影響我們於這世間的行走。

說話或打字之前，務必先讓頭腦為我們做事 —— 說這段話的目的是什麼？這麼說能讓我達成目的嗎？如果不會，是否有更好的說法？或者我可以選擇沉默？我想溝通的對象，我了解他此刻的心情嗎？從他的角度來看，他的困難或需要是什麼？我能為彼此找到連結或共識嗎？如果我是他，聽到這些話會有什麼感受或反應呢？我的話語和文字，是真心的嗎？還是一種掩飾？

思考不僅對接收者有益，對說話者（我們自己）也有大大好處。思考意謂著暫停、緩衝、餘裕，它為我們創造空間及時間，想辦法讓對話成立，並且使自己言行一致，成為更好的人。

追根究柢，成功溝通的要訣，最終都會回到思考。只要在說出口前先想一想，就有機會校準方向，調整說話的內容和方式。良好的溝通能為我們省下許多心力及時間，少為不經意的言行收拾後果，我們就能順利向前。

讓思考成為習慣，你會發現，對話的可能性不止一種，而我們始終有選擇，選一條能使雙方靠近的路。

1 《怎麼愛》，一行禪師著，吳茵茵譯，大塊文化。

2 《說話的品格》，李起周著，尹嘉玄譯，漫遊者文化。

3 《每一天的覺醒》，馬克·尼波著，蔡世偉譯，木馬文化。

4 參見《怎麼吵》，一行禪師著，張怡沁譯，大塊文化。

企劃的方法

Methods of
Planning

世界的語言
已經改變

當我們走進森林，就要懂得森林的語言。

如果一件事做得不成功，那肯定就是做得不對。

也許我們會怪時運不濟、消費者沒眼光，

但不論外在或個人原因，

都來自於我們還不夠了解做這件事的「語言」。

森林有森林的法則，

每個領域、每項工作，也有各自的法門。

企劃人，就是設法找出正確語言的人。

《Curation策展的時代》* 有個例子，說明了此刻我們所身處的時代。

案例中提到一位七、八〇年代的傳奇吉他樂手艾伯托‧

吉斯蒙提（Egberto Gismonti, 1947-），被現代一位好品味的獨立音樂經紀人田村直子發現，想邀他到日本演出。她開始面臨一連串挑戰：首先得邀約成功（吉斯蒙提已沉寂多年）、接著是宣傳及售票的壓力。

故事內容很精采，總之田村直子一一克服，《Curation策展的時代》作者說田村就像「狩獵者」，一腳踏入寬廣浩瀚的資訊森林中，但她沒有迷失，而是以狩獵者的敏銳嗅覺精準找出棲息其中的「吉斯蒙提音樂的消費小眾」。

這番描述，正道出現今網路世界的特色——文化及獨特興趣的差異所形成的界線，比國家、種族、語言的疆界更明顯。

因此，田村直子做得最正確的事，就是去找出各種對吉斯蒙提可能會有興趣的社群，創造連結。「猶如溯溪前進濕地探險般……『規模雖小，但資訊交流次數多、內容密度高』的社群關係，與網際網路具有非常高的相容性。」

「『目標人群所在之處』，即為『社群』（Biotope，棲地）。」

田村直子名片上印的是音樂經紀人，但她所做的正是企劃人的工作。

這種狩獵者本能，在《Curation策展的時代》稱為「策展人」，在本書中稱為「企劃人」。從眾多紛雜資訊中找出適當素材，整合成有意義的脈絡，是這個時代最具挑戰性的任務、也是最有意思的任務之一。從這點來看，策展、企劃、編輯，是同一種能力。換句話說，擁有編輯力、企劃力的工作者，同樣是在做策展的工作。善用這些能力，並提出觀點的人，在任何領域都有立足之地。

「資訊在被策展人匯集之前，單純只是浩瀚雜訊汪洋中漂流的資訊片段而已，經過策展人擷取起來並賦予新的意義之後，被賦予不同的價值，而開始閃閃發光。」

世界的語言已經改變。

企劃的方法，是解讀這個語言、並運用它來做事的工具。

* 《Curation策展的時代》，佐佐木俊尚著，郭菀琪譯，經濟新潮社。

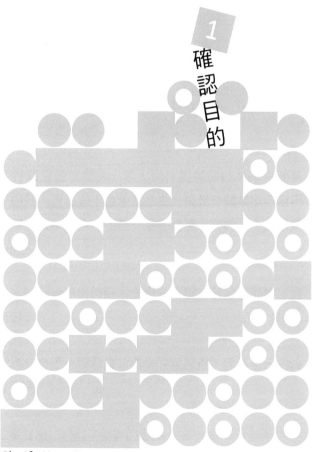

1

確認目的

Clarify Your Purpose

先問為什麼

打從人類初次凝望天空，

思索自己在宇宙的位置，

試著創造一些超越自己生命、

能讓世界更美好的東西開始，

我們就一直是目的的追尋者。

是目的啟動了生命的能量。

————————《動機，單純的力量》

「為什麼要做這件事？」

目的，就是你的初衷，你的動機。

企劃人的第一步，永遠是問「為什麼」。不論老闆交辦的工

作,或是自己想提的案,都先問:「為什麼要做這件事?」

確定自己非常清楚答案,確定老闆也思考過同樣的問題。

如果沒有先花時間釐清「為何而做」,很可能忙了老半天,對部門、公司、個人都沒帶來任何好處。屆時一句「老闆說要做的」,會給自己帶來很大的麻煩。老闆付錢請我們是來幫他解決問題,而不是把問題丟還給他。

如果是自己提的案而沒想清楚「為何而做」,勞心勞力的過程中容易灰心,它會變成「只是」一項工作,不會為你的能力和成就感帶來令人興奮的結果。

對「為何而做」非常清楚,便不需要老闆時時叮嚀,遇到問題時,也不需要事事請示主管,自己就能判斷。這不僅是效率問題,也是信心問題。因為你不是只知道「事」,你還知道「為什麼」。

● 先問為什麼 ●

曾在溝通課中分享一個案例，那是一張在台北巷弄裡拍攝的店家招牌照片。招牌上大大小小的中英文訊息混雜，完全令人搞不清楚是一間什麼樣的店。大家一看到照片都笑了。

此時有學員發問：「它確實引起老師的注意，這樣不也是成功？」

我回問：「店招的目的是什麼？」

店家開店的目的是做生意，店招的目的是吸引客人入內消費，並不是引起像我這樣的人拍照當作演講的反面教材。

沒有釐清目的，結果就會偏離初衷。

社會上所有活動都能以此回問。許多活動追求人氣，卻未思考真正目的。如同那位學員的提問，它確實引起話題也吸引到人氣，難道不是成功？

在廣告公司上班時，前輩經常告誡，如果廣告很受歡

迎，消費者記得廣告的內容，卻記不得商品或品牌，那仍是一個失敗的廣告。

廣告的目的是什麼？不是為了做一支受歡迎的影片，也不是為了做一支得獎的影片，廣告的目的是為了改變觀點／促成行動，那才是客戶付錢的目的。

你幾乎可以用這個問句檢驗所有的事。

* ■ * ■

小時候，有些男生會對喜歡的女生做惡劣的事，掀裙子、破壞她珍愛的東西等等，以引起注意。但這些男孩還不懂，他們的目的其實不是引起對方注意，他們真正的目的是希望對方也喜歡他。

分享一則小故事。小學裡的一堂課，老師教大家用水晶肥皂刻印章，第一步是使用刀具把它切成小塊，接近印

章的尺寸。因為肥皂很硬，不善使用工具的女孩遭遇了困難，此時，喜歡她的男孩默默把她桌上的肥皂拿走，切好了還給她，什麼話也沒有說。

這可能是比掀她裙子更好的作法。

◉　▨　◉　▨

這幾年，燈會成了各城市較勁的盛事，每年提撥給燈會的預算也很驚人。但，即便是例行公事，也必須思考「為何而做」：舉辦燈會的目的是什麼？吸引人潮拍照打卡的目的是什麼？

為活化商圈？為突顯城市的魅力？為提升市民對設計美學的素養？還是為了讓市民對在地文化有更進一步的認識並引以為傲？……

不同的目的，會發展出不一樣的企劃，評估的標準也不

相同。如果不清楚目的，它就是曇花一現的煙火。因為一開始，它就沒有想要到達的地方。

●　　■　　✦　　▪

有時候，老闆交辦一項任務，只是覺得「好像可以做」，並不代表他已想清楚為何要做。這時，接受任務的你，有責任幫老闆釐清。

舉例來說，老闆要求舉辦一系列講座，接收任務的你，第一步是什麼？

（✘）開始物色人選給老闆參考
（○）先跟老闆溝通目的

不要擔心提問會冒犯老闆，此刻的溝通是在幫他忙（也是幫自己忙），感受到你的誠意與努力，老闆會更欣賞你。沒搞清楚目的就投入去做，反而會製造更多問題。

問問題是在幫老闆省錢及省時，而不是推工作。如果能問對問題，在職場上不需逢迎拍馬，就能贏得老闆信任。

確定自己清楚老闆的目的之後，你有兩個方向：

1. 為達此目的，是否有比辦講座更好的作法？
2. 講座確實值得辦。

如果思考後確定是 2，再開始物色人選。這時人選對你來說已沒那麼苦惱，因為你知道哪些人最能幫助你達成目的，以及每一位人選適合及不適合的原因，你有挑選的準則。

你會發現，如果步驟正確，企劃的每一步都在使你的下一步更輕鬆。相反的，如果未經思考就盲目使力，你的每一步都會愈走愈困難。

* 《動機，單純的力量》，丹尼爾・品克著，席玉蘋譯，大塊文化。

● 確認目的 ■
Clarify Your Purpose

從根源思考

接到工作委託時，我最初都是從懷疑開始的。

——————《創意，從計畫開始》

關於「水野學」，知道的讀者可能未必很多，但若提到「熊本熊」，許多人都會點頭了。根據某一年日本各地吉祥物知名度及好感度大調查，熊本熊是僅次於Hello! Kitty最受歡迎的角色，它為熊本縣創造的觀光及經濟收入非常驚人。

水野學便是熊本熊的設計師。

水野學和熊本熊的關係，必須追溯到小山薰堂（本書後面篇章還會提到他）。身為熊本人的小山薰堂為熊本縣

53

創造了名為「熊本驚奇」的一系列成功企劃，並邀請水野學合作。有趣的是，一開始小山薰堂委託水野學設計的是logo（商標），沒有半點熊本熊的影子。

如果讀過水野學的書，會發現他是個滿反骨的設計師，對於任務，充滿質疑精神（這正是我所推崇的企劃人精神）。充分理解小山薰堂的企劃及目的之後，他反覆思考：「只是製作網站或新的logo，真的會造成轟動嗎？」

最後他提出建議，不是設計logo，而是創造一個吉祥物，來擔任「熊本驚奇」的宣傳隊長。

熊本熊後來的活躍，已不需贅述。這裡想請讀者注意的是水野學的工作態度——同時也是此章「確認目的」的重點——從根源思考。

很多時候我們會急於做事——儘快把事情「做完」了事。但是，身為企劃人，與其立刻投身去做事，不妨多花時間思考目的。這一點，不論如何強調都不為過。

各位不要輕忽這個步驟，把事情「做完」或「做好」的差別便在於此。目的思考不夠深，很容易事倍功半，並且在「做」的過程中，不時遇上挫折。最麻煩的是，沒有明確的支撐找到解決問題的方法，喪失前進的信心，陷入「只是消化工作」的窘境。

水野學書裡還提供另一個案例：假設接到一項任務，要把某個區域的樹砍掉，一般工作者關心的是「怎麼砍」、「多久時間完成」，然而企劃人該問的是「為什麼要砍」、「非得砍樹才能達成目的嗎」、「砍樹會造成哪些影響」。探究後，或許能找出比砍樹更好的方法——如同熊本熊的誕生。

或許有人認為確認目的很花時間，會拖慢進度。事實上相反。表面上的快不是真的快，表面上的忙也未必是正確的忙。

真正的快，重點在於「精準」，不需反覆開會檢討確認。

恕我直言，所謂「會議」，有時只是一群沒把握的人聚在一

起藉此安心的方法。如果團隊中每個人都清楚目的，會議定能減少許多。

目的即為出發點。

確認目的，站在正確的出發點，才能到達正確的地方，而且是最快速到達的方法。

---

1 水野學：1972年生於東京，good design company 負責人，曾任熊本熊、ANA、UNIQLO日本創意品牌總監，主張設計需兼顧美感與銷售力，榮獲世界三大廣告獎「The One Show」金獎、D&AD銀獎、CLIO Awards銀獎、London International Awards金獎等多項國際及日本國內之獎項。

2 小山薰堂：日本熊本縣人，知名作家、編劇、電台主持人、企業顧問、創意企劃家。2009年的電影劇本《送行者：禮儀師的樂章》令他揚名國際；與水野學共同規劃打造出知名吉祥物熊本熊，因而有「熊本熊之父」美譽。

3、4 參見《創意，從計畫開始》，水野學著，林貞嫻譯，時報文化。

別急著問人
先問自己

「如果」階段的重點是想像，

「如何」的重點是執行，

最初的「為什麼」階段就是看見與了解。

————————《大哉問時代》

「活動要不要收費？要收多少錢？」

「什麼時候開始宣傳？」

「A廠商好還是B廠商好？」

「會議要邀哪些人？」

……

很多時候，我們習慣把問題丟出去，期待他人給答案。

因為問別人最快、最簡單。

但這卻是企劃人最不該做的第一件事。

這幾年常在媒體上看到類似報導：「AI時代來臨，你的工作會不會被取代？」如果你也有此擔憂，那麼，切勿當伸手牌。把問題丟出去問人之前，一定要先動用自己的思考。如果工作者只是傳聲筒，不必等AI變得更聰明，我們早已將自己淘汰。

目的是什麼？

請務必將這句話深印在腦子裡。

思考過「目的」之後，「要不要做」、「如何做」、「如何決定」，答案自然會浮現。

或許主管的答案與你不同，然而你是否經過自己的思考，仍會極大幅度地影響你回應的能力。

思考後的討論，彼此是對等的，你並不是去「求」答案，你能與對方討論，你知道自己的建議立足點為何，你能

幫助彼此更深入地思考，將事情推展到正確的方向。

「因為這場活動獨特，能提供別處無法複製的價值，並且希望參加者能抱持著慎重且珍惜的心情參加，所以建議收費。」

「雖然成本高，但因為有贊助，並且活動目的是要推廣觀念，接觸愈多人愈好，因此建議降低門檻，不要收費。」

先動用自己的思考，有些問題根本不必提出。

網路上有一種人，被稱為「網路伸手牌」，最極致的例子是，即便文中已道出店名，他仍會問：「在哪裡？」他連搜尋都懶得搜尋，或是更糟的——沒想過可以自己搜尋。在所有「企劃人不該做的事情」當中，這恐怕是最糟糕的一種。

你所疏於使用的能力，就會逐漸退化。

聽聽科學家對大腦的描述（事實上它也跟我們常提到的「業力」有關）：

「隨著腦部的聯結發展增減,大腦必須決定該讓哪些聯結永久固定下來,哪些則分解消失,它必須選擇保存有用的聯結,並消除其他沒用的。它怎麼知道哪些聯結有用?我們最常用的就有用。因此壞習慣持續不輟。想要中止壞習慣,就像要切割已經焊融在一起的鋼鐵一樣⋯⋯『不使用,就喪失』⋯⋯如果你經常以固定的方式做某件事——不論是使用筷子、爭論鬥嘴、懼高,或是不願和人親近,那麼腦部就會愈來愈擅長這些事物,因此我們可能很擅長不好的技巧,而且很難擺脫。」

因此,未經思考就提問,等同於承認:「你」是沒有作用的,你的大腦也是沒有作用的。

不經思考就把問題丟出,意謂著要對方替你做功課,你希望對方代替你去花時間及心力。如此一來,除了證明自己沒有作用之外,你也沒有能力判斷對方給的答案對或不對、好或不好。

沒有評估標準,就只能聽命行事。假設對方給了第一步

指導棋，接下來呢？你要如何評估第二步、第三步？

「目的」是根本，「根本」沒搞清楚，接下來的行動都不會有信心。

思考能力是身為工作者的價值之一，也是客戶或老闆支付酬勞聘請你的原因。我們要珍惜這份價值，不要輕易被認定可以「跳過」我們。

不論問題大小，自己先思考，切勿淪入可有可無的存在。「把主動權交給他人」，無論如何都不可能自由。工作和人生皆是如此。

1 《大哉問時代》，華倫‧伯格著，丁惠民譯，大是文化。
2 參見《氣味、記憶與愛欲》，黛安‧艾克曼著，莊安祺譯，時報文化。

我們提出什麼問題，就會創造出什麼世界。

────────《大哉問時代》

「自我質疑是件好事，代表你想知道真相。」

「缺乏清晰的自信是件危險的事。」

「質疑會使你保有警覺及意識。」

上述話語仍是我敬佩的智者薩古魯所說的。在薩古魯演講現場，有人提問：「如何才能消除自我懷疑？」所有聽眾大概都和提問者一樣，期望大師說出給予信心的話。孰料他一開口便說，不要把自我懷疑視為不好的事，過度自信才會帶來危險。

不要把咄咄逼人和質疑混為一談。質疑是為了釐清真相，咄咄逼人卻已下了定論，只是在找佐證支持自己的論點。

我們在職場上很少對任務提出質疑，主要原因是不想成為「麻煩製造者」，事情盡快做完便是，何必再花時間討論對錯。「就算提出，事情也不會改善」，相信抱持這類想法的工作者不在少數。

然而什麼是「麻煩」？事情做得不對會衍生出更多需要收拾或補救的後果，這才是真的麻煩。避免麻煩的最好方法是在一開始就提出質疑，把「為什麼」澈底溝通清楚。

提問能幫助參與者更清楚做此事的目的，增進凝聚力。

●　■　●　■

請在腦海裡回想任何一場你參與過或聽過的活動，然後根據以下步驟試著練習檢視：

1. 舉辦這場活動的目的為何？

（如果你得出的答案是「為了賺錢」、「為了搏版面／名氣」等等站在主辦方立場的答案，請重來一遍。主辦方想賺錢是主辦方自己的事，消費者不會為了這種原因而買單。此時需要問第二個問題。）

2. 活動想吸引／溝通／說服的目標對象是誰？

3. 期望藉此活動達成什麼？

4. 是否確實達成前述第三個問題的預期結果？

你會發現，一場活動算不算「成功」，會因為上述答案不同而有不一樣的結論。

如果目的是邀業界名人／KOL辦一場熱熱鬧鬧的聚會，那麼只要有預算，活動很容易辦成，賓主盡歡即可。但是，假使活動目的是要振興地方或產業，邀請名人／KOL只是手段，並不是最終目的，活動成效就要往下檢驗，不能停留在熱鬧的場面或發文。從這角度來看，沒有與地方

或大眾連結，就不能算是成功。

活動看似熱鬧落幕，卻沒人說得出它累積了何種價值或推動了何種行動，只能說做了一半。任何一項企劃或活動是否有其必要，考驗主事者及企劃人的洞見及質疑精神。

·　■　·　■

如果到此你都能認同，我們可以往更深處推進。

《娛樂至死》書裡有個案例，在電視全面進入一般人的生活之後，美國教育部門花費鉅資策劃拍攝了一系列科學影集《咪咪號航海記》。以一個浮動式鯨魚研究實驗室的冒險事蹟為主軸，除影集外還搭配精美繪本，以及模擬科學家、航海家工作情形的電腦遊戲……

聽起來很不錯對吧？把教育娛樂化。將電視代換成現今任何影音設備或網路，仍可見許多類似商品，都是基於同樣

的企圖。但若你已學會質疑「為什麼」，就得問：為什麼劇中那批學生需要花一整年學習「鯨魚和牠們的環境」？教育部門認為這件事能達成何種目的？（孩子會因此愛上自然科學，還是因此更愛看電視？）

就和傳統課堂上的教學內容一樣，任何事物都能成為學習的一部分，然而最重要的問題卻沒有人提出——為什麼要學這些？

無法回答「為什麼」的有趣呈現方式，只是另一種型態的「填入」，它是「適合電視播映的題材」，然而「適合電視播映的題材」卻並非教育的目的。

「……《咪咪號航海記》的構思靈感是得自一個問題：『電視的功能是什麼』，而不是『教育的功能是什麼』。」

我們可以把頭蒙起來，直接去做被指派的工作，等出問題再說；或做些譁眾取寵的事，一段時間之後發現自己再度回到原點。或者，我們也可以選擇不一樣的路，採取思考

過後能真實回應目的的企劃，每一次行動，都是自己和公司的躍進。

「如果你不習慣提問，你就會對改變感到恐懼。如果你能輕鬆面對發問、面對實驗，並能將新事物連結起來，改變就會成為一種探險。只要將它視為一場探險，你就能飛奔前進。」

1 《娛樂至死》，波茲曼著，蔡承志譯，貓頭鷹出版。
2 參見《大哉問時代》。

追求流量
不是好主意

大家總是忽略去尋找真正的答案，

而把重心拚命擺在如何讓顧客光顧等促銷上。

但這其實是錯的。

有了答案，促銷才有意義。

好好思考根本，想辦法改善，就是最基本的企劃。

────────增田宗昭

現今這個時代，「流量」成為許多工作績效的指標，一來它是說服廣告主的利器，二來它很具體，容易說明。但我認為，數字化的資訊只說明了一半。

人們會為了各自不同的理由去支持一項行動，就如支持同一組候選人的選民，也可能有各自不同的心思及盤

算。如果只看結果，無法突顯出背後的成因。數字代表的意義也是如此，它只說明了結果，卻無法展現意義。作為思考的輔助是好事，成為決定性或引領性的指標則具有風險。

對企劃人來說，最嚴重的風險，是喪失目的。

追求流量或許有短期、顯性的好處，然而它的壞處卻是隱性而長久的──它會讓我們忽略內心真正的想法。

某個當紅事件或人物，要不要報導？要不要與它或他搭上關係？如果是追求流量的思維，肯定是要；不論自己是否認同，只要能蹭流量，就是王道。

問題是，會紅的人物或事件，是沒有一貫性的，風潮是會變的，追隨這些報導並不會累積我們自己的信用。可以說，藉他人的風頭來搭建自己的名聲，是一個四拼八湊的結果，很容易崩塌，沒有穩固的基礎，不會形塑出自己的價值。

任何事件，就算新聞媒體及社會大眾不斷吹捧，如果我們並不真心認同，或是我們其實看出了他人沒看到的問題，那麼就不應該附和。有自己的觀點和洞察，是很珍貴的事，比流量更值得追求。這件事無法上課得來，也沒有技巧和捷徑。

「目的」是更根本、更深處、不是上幾堂課就能得到的東西。

我曾寫過一篇文章，說明「目的」和「目標」的不同。

目的很重要，目標則不一定要有。

目的是出發點，是我們的初衷，是為何而做的原因；目標則是一個預期的結果，努力到達的終點站。

之所以認為目標較不重要，原因在於，目標通常只是

「已知」的放大，碰觸不到「未知」。就企圖心來說，執著於目標反而是保守的。

過往在出版社工作時，編輯想做的書都要先經過發行部的評估，當然老闆不會只憑發行部意見就同意或否決（這點我非常感激），但我發現，發行部經常只能就「過往經驗」來評判──這很合理，畢竟他們是主要為銷售負責的人。雖然合理，卻很危險。因為它會導致一般性結論，而看不出可能性。世界上所有傑出案例，都有某種程度的創新，「根據過往」的思維方式，無法創造驚奇及獨特性。

而且，目標會使我們疲於奔命。達到一個目標，「然後呢」？下一個目標是什麼？達標的快樂很短暫，因為下一個目標立刻逼近，我們又會回到追求目標的起點。

假設今年營業目標是 1,000 萬，明年就是 1,200 萬，1,200 萬達到了，後年就設 1,500 萬。今年省下 5% 成本，明年要省下 6%。所有人緊盯著目標，沒人問「為什

麼」。企業存在的價值，少有員工能答得出，遑論認同。
目標達到了，其他問題所產生的副作用也正在蔓延。

目的則不同。目的是初衷，初衷清楚，所有的前進都是
實踐，實踐本身就會產生動力。

因著不斷回到初衷的思考及行動，我們有可能去到「未
知」──目標（已知）觸及不到的地方。它可能會超越目
標，或是給我們更棒的結果。

推薦一本書　，其中一個章節剛好可以說明為何追求流
量短期有用、長期卻是傷害。書裡提及的幾個實驗也使
我忽然明白，現今世界有著巨大焦慮感的原因。

有個研究內容如下：受試者分為兩組，各給一套立方塊讓
受試者按參考圖案拼出各種造型。第一天兩組條件都一

樣，第二天，A組被告知，只要成功拼出一組即可領取5美元。第三天，又恢復無酬。玄機在於，每一天中間都有8分鐘等待時間，研究者假稱需離席整理資料，其實是透過雙面鏡觀察。結果發現，第二天，有獎金可領的A組比第一天更勤奮利用這8分鐘試玩，但到了第三天，A組興致大為減低，甚至比第一天花更少時間嘗試。

類似實驗還有非常多，例如讓幼稚園孩子自由畫畫，但告知其中一組，只要他們畫了，課後都會得到一張優良小畫家獎狀。「兩週後，老師在自由遊戲時間將圖畫紙跟彩色筆準備好，研究者則在暗中觀察這些孩童。『無獎』組和先前一樣勤於畫畫，同樣興致勃勃，跟實驗前殊無二致。但第一組的孩童，亦即預先已知會得到獎、事後也確實拿到獎狀的小朋友，卻顯得意興闌珊，大幅縮減了畫畫的時間。僅短短兩週，那些誘人的獎賞——在教室和辦公室裡司空見慣的制度——就已經讓玩耍變成了工作。」畫畫已經失去了樂趣。

還有著名的蠟燭實驗，這個實驗考驗的是創意及解決問

題的能力。第一組被告知,計時只是為了建立一個速度標準,看一般人大致需要多少時間來解決這個問題。第二組則提供了誘因:如果解決問題的速度是所有參與者的前四分之一,可以得到 5 美元獎金,如果解題速度居冠,可得 20 美元。結果,獲得誘因的那組想出對策的時間「慢了三分半」。你沒看錯,是「慢」而不是「快」。

這本書帶給讀者最重要的思考就是:外在獎賞會扼殺內在動機。

與我們的直覺不同,我們以為獎酬愈高愈立即、成效愈好,實情卻相反。任何行為——只要不是發自內在,一定無法長久。外在刺激就像癮頭,得一次比一次增強才能達到和第一次相同的結果。

「獎賞可能局限一個人的思維寬度,而外加的激勵,尤其是論功行賞、條件式的那種,更可能淺化思維的深度。它讓我們只顧盯著眼前,無法遠望。」

現今的網路世界,按讚與否、追蹤數、流量、回覆速

度……都是立即獎賞，我們就處在巨大的獎酬式的世界之中。許多人已不是因著內心的好奇、興趣去行動，而是為了獎酬。如同那組失去動力的幼稚園兒童，如同為領到獎金而焦慮、甚而比平均表現更差的大人。「內在動機」在這種競逐之下，逐漸消失。

不論是為自己還是為公司經營粉專，若喪失內在動機，疲憊是遲早的事。數字漂亮卻毫無生機，也就不難理解。

「流量高」是執行好企劃的結果，卻不是企劃的目的。本末倒置的話，它帶來的痛苦指數會遠高於快樂。

你是否有很想講述的事？你想透過流量傳達什麼？影響什麼？改變什麼？

「沒有啊，就只是想賺錢。」

賺錢的目的是什麼？錢能讓你實踐什麼？

我們還可以繼續往下追問，直到觸及根本。你會發現，不論一個人的答案為何（每個人想實踐的夢想不盡相同），最終都是為了幸福快樂。你所做的任何選擇——不論大小——都是因為你相信那樣會讓你過得更好。所以，目的不是賺錢，而是幸福人生。

因此，第一步該思考的，不是流量，不是賺錢，而是你對幸福人生的定義。而且，你應該不斷反覆檢視，這個答案是否經得起檢驗。那是你真正的答案，還是聽來的答案？你在25歲時所認定的幸福，跟35歲、45歲時是否仍舊一樣？

目標是死的，目的是活的。

不要立刻投入心力時間去學衝流量的方法，目的思考清楚，產生好的企劃，自然會有流量。

好企劃意謂著那不是一個複製而來的企劃、不是因循舊

方法的企劃、不是一個眾人都這麼說我便這麼做的企劃……它從我們自身的思考和累積出發，對所有我們關心的事物，提出一個「更好的解法」。

參見《大人只知道部分的世界》，李惠貞著，維摩舍。

《動機，單純的力量》，丹尼爾・品克著，席玉蘋譯，大塊文化。

● 確認目的 ▨
Clarify Your Purpose

不時
把鏡頭拉遠

如果我們一直做一件事太久，
我們會忘記目的……
從任務中抽離暫時休息一下，
能夠防止習慣化，幫助我們保持專注，
重新燃起我們的決心。

————————《什麼時候是好時候》[*]

把鏡頭拉遠才看得到脈絡。

人埋首在當下時，會以為自己關注的那一小點就是全世界，執著於「看得見」的部分，不容易作明智的判斷。就像身處迷宮之中，到處碰壁卻不明所以，一旦能夠俯瞰，我們會訝異路徑原來如此清晰。

在雜誌社工作時，每月都要產出題目，同時料理好幾期的內容。當死線逼近，工作者的要務很容易窄化為只求如期交稿、不開天窗；至於長期來說，雜誌要往哪裡去、以及要帶讀者看見什麼，都成了次要的事。如果掌舵者也變成這樣，就會是警訊。

特別是忙得不可開交的時候，愈需要偶爾把鏡頭拉開。鏡頭拉開能幫助我們釐清真正重要的事，哪些部分正在拖累進度、消耗工作者的心神？最重要的環節是否因此打了折扣？忙碌時最容易失焦，而且已為手上正在忙的事務投入太多，更難以抽身，即便它可能並不是此刻最需要完成的事。

身為企劃人使我養成了習慣，不時會把鏡頭拉開自問：我們正要往哪裡去？雜誌存在的目的是什麼？做這些題目是使我們更靠近、還是更遠離？因此開會時我最常問的問題是：「為什麼要做這個題目？」就算只是因為剛好有資源或素材，也要先思考切入點，將它放在雜誌原本的脈絡（目的）中，是否依然能夠成立？

● 不時把鏡頭拉遠

企劃人必須不時把鏡頭拉遠，為企業／品牌／活動描繪脈絡圖，確認企劃的每個環節都是必要。尤其是掌舵者，必須非常清楚航道。

目的不是流量、營業額，目的是更大的東西。流量、營業額是事情做對之後，自然的結果。

人生也是。不時自問「我在做什麼？」，確認架構，就不會被「事情」困住，只剩下焦慮和茫然。

忙碌的時候，停下來花幾秒鐘思考：「我現在所做的事，在我的人生的架構中具有什麼樣的意義？」去咀嚼、感受那個意義，讓心中的航道成為清晰的指引，使內在動機活過來。事情本身的壓力會減輕，自然而然能自在地前進。

《什麼時候是好時候》，丹尼爾・品克著，趙盛慈譯，大塊文化。

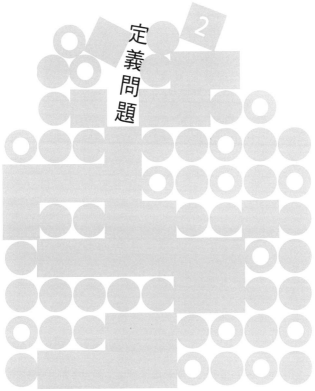

定義問題

2

Define the Questions

問題是什麼

在今天，提問的重要性更甚以往，

而且會愈來愈重要，

它能幫助我們找出什麼是重要的、機會在哪裡，

以及如何達到目的地。

我們都渴望得到更好的答案，但是，在此之前，

我們得先學會提出漂亮的問題。

——————《大哉問時代》

企劃人是解決問題的人。

那麼，在進行企劃內容前，必須先確定：「問題」是什麼？

很多時候我們太快進入「做事」，花太少時間思考「做」

之前的步驟。

確認目的→定義問題

對準靶心，射出去的箭才有意義。

＊　＊　＊　＊

七〇年代有個經典行銷案例，剛好可以說明定義問題的
重要性。

當時兩大清潔用品公司為高露潔—棕欖（Colgate-
Palmolive）與寶橋（P&G），高露潔—棕欖率先推出了
一款非常成功的香皂「愛爾蘭之春」（Irish Spring），特
色是綠色條紋設計，訴求為使用者帶來清新的感覺。

寶橋為與之抗衡，不斷嘗試開發品質更好的綠條紋香
皂，但一試再試沒有一款能勝過愛爾蘭之春。此時公司
內部有位創意主管發現團隊問錯了問題。問題不應是：

「如何做出一款更棒的綠條紋香皂？」

正確的問題應該是：

「如何創造出一款更清新、更有特色的香皂？」

重點不是「綠條紋」（商品特色），而是「清新」（使用者感受）。

重新定義問題之後，行銷團隊終於找到正確方向，推出一款名為「海岸」（Coast）的藍白條紋香皂，成為旗下非常成功的商品。

● ▨ ● ▨

日本有間出版社「ライツ社」，2016年成立，成立之初僅有四人（目前六人），出版書本的數量遠低於業界常規，但是所出版書籍幾乎全都能再刷。業界平均再刷率只有兩成，他們是七成。簡單來說，出版書種不多，但

是營業額令人驚豔。與社會上普遍對出版界的悲情看法
不同,他們走出了自己的路。

ライツ社能成功,說穿了只是因為他們「重新定義問
題」──並非「如何出更多書以在此環境下生存」,而是
尋找「不必出那麼多書也能獲利」的方式。

「重新定義問題」其實是一種轉向,去發掘原本看不見的
可能性。

世上大部分事情都沒有絕對性,你會發現,同一件事,
從負面去想或從正面去看,都能得到許多佐證。選擇也
是,不論選 A 或 B,只要你認定了,你就會找到各種支
持點。

定義問題同樣如此,它是接下來所有行動的核心。

「如果你設定了 A 目標,你就會朝 A 的方向努力,如果
想要 B,就會得出 B 的結果;但如果想要 A 又想要 B,
你就會想方設法去找出 A＋B 的選項。舉例來說,如果

你找的是一顆紅球，你眼中只會看到紅球，如果你要找的是一顆會發光的紅球，你會去找一顆紅球，而且它要能發光。」

問題的問法，會影響你找答案的方向。這便是「定義問題」為何重要的原因。

1　參見《大哉問時代》。
2　ライツ社公司名稱結合 write、right、light 三個詞彙。參見《剛好，才是最好》，甲斐薫著，林欣儀譯，臉譜出版。
3　參見《成為自由人》，李惠貞著，維摩舍。

創造連結

世界上任何書籍都不能帶給你好運，
但是它們能讓你悄悄地成為自己。

——————— 赫曼·赫塞

獨角獸計劃是為了推廣閱讀而成立，同樣的，我把它視為一項企劃案，確認目的後，第二步就是定義問題：推廣閱讀的阻力是什麼？我想解決的「問題」是什麼？

我們的社會基本上仍偏向功利型社會，對許多事都以「有沒有用」為衡量標準，「有用」的意思說穿了就是能不能賺到錢、對謀生有沒有幫助。因此，原本是為了探索個人潛能及認識世界的求學歷程，便窄化為「考上好學校→出社會後能找到好工作→賺錢」的手段。

在此種脈絡底下，「讀書」若脫離了學校、考試，就成了非必要的事。因此，許多人離開學校後，恨不得不再

碰書本。對這些人來說，讀書是為了他人期待及外在分數，缺乏從內在出發的驅力。

因此，獨角獸計劃面臨的第一個問題便很明確：必須讓目標對象認同「閱讀與個人有關」。

「閱讀是成為自己的路徑」，便成為我在演講中或受訪時最常提到的論點。

「成為自己」才是閱讀的目的，不是為考試或他人期待；閱讀是為了自己。

當聽者／讀者被這個觀點說服，接下來談閱讀的種種，才會為他所接受。

思考企劃案的時候，有沒有將問題定義清楚？有沒有將解決方案與目標對象連結，讓他確實認同這件事與自己有關？你的文案及口號是否喚起他的意識，使他不自覺停下來聆聽？

定義問題非常重要。在你想發揮的領域裡，你是否看得比別人清晰，決定了你的解法的品質。

● 定義問題 ▨
Define the Questions

提問力的時代

問題會在你要去的地方閃耀光芒。

————《大哉問時代》

據稱畢卡索說過這樣的話:「電腦是個蠢蛋,它只會給你答案而已。」

現代人無時無刻不在上網,每天都會使用搜尋引擎,然而我們如何使用 Google?必須下關鍵字,電腦才會有所回應。換句話說,如果不知道要問什麼,即便手上那台小裝置背後有無限豐富的資訊,它也只會以空白等待。

隨著各種人工智慧的飛快進步,這世界愈來愈以一種供過於求的速度提供人們選項,重要的已不是答案,而是

提問。當任何答案都能在彈指間回應，重點是——我們能提出何種問題？不是名人八卦等無關緊要的問題，也不是「今天吃什麼」這類日常瑣事，我們能如何運用這超強的工具，去提出真正原創性的問句？

這正是現今與未來的時代，標示出人與人之間、企業與企業間，最大差異的原因——不是國界，也不是資金，而是提問的能力。

在確定我們的核心（企劃案瞄準的問題）之前，必須經過追根究柢、提問的階段。這段時間非常重要，它會幫助我們撥開雲霧，找到真正值得回應的問題——這問題值得一間企業、一整個團隊傾力投入，值得所有參與者以數月、數年的時間（時間就是生命！）去發展企劃案，這問題能明確宣示「我（們）是誰」。

當答案人人可得，答案本身已無魔力，能閃耀光芒的，是精準的提問。

● ◼ ● ◼

● 提問力的時代 ■

代官山蔦屋書店於 2011 年開幕。那時，書店早已被視為是沒落產業，書店關門時有所聞，即便是閱讀風氣鼎盛的日本，實體書店數也是逐年下滑。然而蔦屋書店就在這樣的氛圍中起飛。

讀者們得先將「蔦屋書店」和「Tsutaya Bookstore」分開來看，它們分屬兩種不同體系。蔦屋書店是結合餐飲、圖書、音樂等綜合性企劃，占地完整的設施；Tsutaya Bookstore 則與企業結盟，僅是進駐商場內的一間書店（＋咖啡館）而已。

代官山蔦屋書店可說是打響品牌的第一項企劃。它不開在人潮聚集處，建築也只有兩層樓高，停車場不採立體式，而是平面。種種違背商場定律、不考慮坪效的作法，卻使它成為頂級世代（五、六十歲有錢有品味的族群，也是代官山蔦屋書店設定的目標客層）愛去、年輕人也趨之若鶩的熱門地點。不僅證明了位置冷門無妨、重點是「要有讓人願意專程而去的魅力」，同時成了書業頹勢中的一股逆流。

我認為增田宗昭 的成功之處，在於他的提問能力。

在代官山蔦屋書店成立之前，他經常坐在對面的咖啡館，想像什麼樣的書店和空間「會是他自己想待一整天的地方」。不是開什麼店最賺錢、或是如何提升坪效到極限，他思考的是舒適感──一個能激發靈感的場所，那便是像他這樣的人樂於久待的地方。

我希望能提供讓人抬頭仰望天空的「時間」。

「抬頭仰望天空的時間」、「一下車便感受到開闊感」、「走在建築中間的走道時，有種近乎參拜道的寧靜氛圍，心情已開始沉澱」（因此周遭絕不能有廣告看板）⋯⋯這些都是他的設計，也是他的企劃。

「經營者該做的，是制定『概念』。」

他問的是根源性的問題──人們為什麼願意專程來到這裡？蔦屋書店能提供何種別處無法體驗的經驗？為什麼是書店？

「代官山蔦屋書店」就是他的答案。

> 所謂創造力，
> 最後創造出來的並不是「東西」，而是「價值」。
>
> ────────增田宗昭

如果沒有提出新的問題，我認為他得不出這樣的解答。

企劃之初，他在公司內部遭受很大阻礙，這也是為何他會在書裡寫下：「所謂企劃，就是超乎客戶所能理解範圍的東西。」如果大多數人都能理解，那表示是看過的東西或是能想像的東西，也意謂著：缺乏新意。

我們幾乎可以這麼說：一個案例的成敗，在提問階段就已經確立了。

◉　▨　◉　▨

關於提問力，我非常推崇《大哉問時代》。這真的是一本好書，把提問的重要性及方法解釋得非常清楚。但可惜在我寫書之時它已絕版。（希望未來有出版社願意重出）

在公司上班時，我曾參與過由外聘顧問主導的共識營，雖不能說完全沒有幫助，但我心中更多的是納悶，為什麼不以全體員工都能明白的語言，直接問核心問題，而要使用那麼多專業術語，讓大家花一半以上的時間去搞懂那些定義。

《大哉問時代》給了我答案。許多企業人才的聰明才智不相上下，但成就相去甚遠，原因或許不在於看得見的財務報表或產品優劣，而在於提問的能力。

「為了撰寫此書而作的相關研究，讓我接觸到全球最頂尖的創新者與創意人員。我檢視他們如何面對挑戰，發現這些人的成功，並沒有什麼神奇的公式或單一的原因可以解釋，但他們都有一個共同點──非常善於提問。」

企業的核心提問是什麼？試舉幾個我從此書收集而來的好問題：

> 我們公司存在於地球的目的為何？
> 我們想要無所畏懼地成為什麼樣的企業？
> 如果我們（原經營者）被踢出這家公司，你認為新的執行長會怎麼做？
> 如果錢不是問題，我們會如何採取不同的作法？
> 如果我們的目標是打敗自己，我們會怎麼做？
> 世界最需要的是什麼？……而且我們又特別有能力提供？

你可以把「公司」代換成你的「品牌」或「店」，把「我們」代換成「我」，問法一樣成立。

提問能帶動思考，好的問句會引發我們未曾使用的思考迴路，事情的解答及可能性便在這樣的過程中顯現。事物的本質其實並不複雜，是因為失去提問能力使我們看不清楚，因而變得複雜。

我也非常同意作者說的,「別搞腦力激盪了,改用『問題激盪法』」。

腦力激盪曾經非常風行,現今許多公司仍會採取此種方式。不過,依我個人經驗及觀察,許多人聚在一起天馬行空地丟想法,不如每個人獨立思考來得有效率。而且「答案」會受到批判,「問題」則比較自由。

「『傳統的腦力激盪模式很容易撞牆,因為我們的想法就只有這麼多,還有部分原因是我們問錯了問題。』當大家努力解決某個問題並發現『哪裡都到不了,我們被卡住了……這就是退後一步做問題激盪的最佳時機』。」

書裡的一些創意示範也非常有趣,例如:「如果是《哈利波特》作者 J・K・羅琳,她會怎麼思考這件事?」又或者是任何一位你喜愛的歌手、導演、前輩,他會怎麼做?

思考方式本身就是一種創意表現。換一種架構思考,提出不同的問題,我們就能前往一個新的世界。

提問力的時代

關於蔦屋書店及增田宗昭的故事，可參考：《給未來的創新經營者》、《知的資本論》、《解謎蔦屋》、《風格是一種商機》等書。

五個為什麼

闡明問題，問題就解決了一半。

─────────哲學家杜威（John Dewey）

除了「獨角獸計劃」，我還有一個粉專「工作相談室」，提供關於「如何思考工作」的付費諮詢。我發現，人們提出的第一個問題，通常都不是他真正的問題，真正的問題，往往需要更多提問才會浮現。

試舉兩例：

為什麼你要運動？
──因為比較健康。
為什麼這樣是健康的？

——因為它能提升我的心跳率。

為什麼提升心跳率是重要的？

——因為我可以燃燒更多的卡路里。

為什麼你想要燃燒更多卡路里？

——因為要減重。

為什麼你想要減重？

——因為，我感受到必須看起來苗條的社交壓力。

對這個人來說，運動的真正原因是「感受到必須看起來苗條的社交壓力」。

為什麼這一季的營業額少了一百萬？

——因為業務拜訪的次數比原本計劃的少。

為什麼業務拜訪的次數比原本計劃的少？

——因為這個月的聯繫窗口變少了。

為什麼這個月的聯繫窗口變少了？

——因為我們寄出的推廣信件比計劃的少。

為什麼寄出的推廣信件比計劃的少？

● 五個為什麼 ◼

——因為我們人手不足。

為什麼會人手不足？

——因為我們計劃時沒有考慮到有兩個人正在休假。

「在這個例子中，我們會很想單看表面就判斷到底這是業務、行銷，還是產品部門的問題。但在這之前……先找出事實遠比決定誰有錯來得重要。這項練習有助於人們擺脫感性的原始大腦，擺脫『戰或逃』的生存本能，換成以理性和解決問題的思維來思考。」

工作上的困境也是一樣。來工作相談室諮詢的朋友很常問道：「不知道該不該選擇某項工作或轉換跑道？」我則回問：「為什麼這會是問題？你猶豫的原因？」接下來對方可能會說出家裡或自己個性上的某些顧慮，再往下追問會發現，真正的問題也許是缺乏自信心、也許是和家人之間的羈絆和矛盾。

問問題比得到答案更重要。如果我輕易給出一個答案，它不會解決對方的問題。根源沒有解決，同樣的問題一

定會反覆出現。所以真正該問的並不是「要不要接受某項工作」，而是如何克服困住自己的原因。

更根源的問題是：你如何看待工作？工作對你的意義是什麼？

找到根源，答案自會清晰。

◎　▓　◎　▓

《大哉問時代》提出「五個為什麼」的思考方法，這方法源自於日本，由豐田工業創辦人豐田佐吉所創。前述「為何要運動」的問法便是參考「五個為什麼」。

「舉例來說，當工廠產出一個有問題的汽車組件時，問第一個『為什麼』可以找出最明顯的錯誤。接著再問為什麼會出現這個錯誤，根本原因就可能浮出檯面，例如某一工序的訓練不足。問第三個為什麼時，公司可能會發現訓練計劃投入的資金不夠；再繼續追問下去，就會回

到公司對資金運用的優先順序問題，也就是公司認為錢應該花在哪裡、以及什麼才是最重要的。」

讀到這段忽然意識到，工作相談室運用的方法便是「五個為什麼」，只是我沒有去細數問題是五個、六個、還是三個。但我猜想，大部分時候，五個問題已足以讓我們非常接近問題的核心。

現在就試試看，你最近煩惱的事情，是否能用五個問句去找到真正的原因。我們的恐懼和壓力，深藏在問題的表相底下，必須有探索的意願和方法，才能使它現形。看清楚它的模樣，這時候，再來思考解決的方法。

●　▪　●　▪

上班族生涯超過二十五年之後，我在中年之際成為獨立工作者。後來在許多演講場合——尤其是出版《成為自由人》之後——經常有讀者或聽眾提問：為什麼有勇氣

放棄穩定的工作？

其實我並不是喜歡冒險的人，所有跟賭博有關的事我都敬而遠之。因此，我所做的決定，基本上冒險的程度都很小，只是我沒有設目標，無法給出保證而已。

對我來說，有想做或該做的事而不去做，反而是更大的賭注。

常有人說自己是因為「想太多」所以不敢去做某事，恕我直言，我認為是相反──不是想太多，而是想太少。

以我自己為例，當初離開穩定的受薪工作，投入推廣閱讀，而且我還是單親媽媽，在做這項決定之前，不可能沒有評估。一位好友鼓勵我，「想清楚，最差的狀況是什麼？」我想了想，如果我給自己兩年時間去試，最差的狀況就是兩年後一事無成，必須重新找工作，這就是最差狀況。那麼，我能接受嗎？試想之後，我可以接受。重新找工作對我不是問題。那麼，何不去試？

所以，我的決定是「往下想」的結果，並不是「沒想太多僅憑一股傻勁」去做的事。

這也是「五個為什麼」的真義。不論問題或行動，不斷自我追問，去到根源，你就不會自我懷疑，也不會輕易被動搖。

剩下的唯一問題，就是要不要面對而已。

1 參見《大哉問時代》。
2 參見《人生給的答案》，提摩西·費里斯著，金瑄桓譯，天下雜誌。

關於我們自己，最根本的真相是什麼？

這個問題有形形色色的答案……

但有一個基本上免不了的答案：

我們是會提問題的生物。

——————— 艾丁頓爵士（Sir Arthur Eddington）

準備演講簡報時，我習慣先列提問，先設想：聽眾為什麼要來聽這場演講？就這個主題來說，他們有何困惑？有何好奇？我要如何導向我想分享的重點？支持我的論點的理由又是什麼？

我稱為「以問題帶領」。

在聽眾尚未明白如何看待這個主題之前，先引導提問。
提問會激起聽眾／觀眾的好奇──「沒錯，這也是我想
知道的，為什麼這樣？」──好奇心被激發之後，接下
來的論述才會有共鳴。

坐在台下當聽眾時，有時容易分神，那通常發生在講者
自顧自地講，我卻不知道我「為何要聽」。講者與台下
聽眾並沒有產生連結，他並沒有要與聽眾溝通，只是把
他想講的東西倒給台下的人。也許他正在說明某件事，
但，「問題是什麼」？

大部分人都以為談自己的豐功偉業很重要，就像政客誇
誇而談政績或選舉時提出空泛的口號，真正重要的部分
卻從未觸及。你的邏輯和脈絡是什麼？你是基於何種洞
察而提出這樣的論點？我還沒認同你所定義的問題，為
什麼要對你的政見買單？

當我們自己是站在台上說話的人時，更要引以為鑑。務必
使聽眾／觀眾和我們站在同一脈絡中，如此，他根本不會

有打瞌睡的可能。如果演講是兩小時，在第二十分鐘和第一百二十分鐘，聽眾都應該同樣清醒，清楚明白為何講者會講到這裡，以及，為何自己想聽。

·　▨　·　▨

小時候我們都上過很無聊的課，有沒有想過為什麼？並不是老師學識不足，也不是內容不值得學習，那麼，「無聊」的原因是什麼？

我認為原因在於：學生並沒有被激起學習的興趣或欲望。

「我為什麼要讀這個？」

沒有人告訴我們為什麼要讀這些，只知道要考試，因此那並不是學習，而是工作。

長大後，不論在公司內外，你一定也參與過許多令人昏

昏欲睡的會議，為什麼那些話語進不了你的內心？

撇除表達能力等技巧性原因，最核心的關鍵在於：會議主持人沒有「以問題帶領」。

該問什麼問題？

我們會開啟一場談話、課程、演講，一定有原因，有我們想要／必須溝通的訊息。如果沒有，那就是自說自話，聽者必然分心。

既然是溝通，我們必須先「清楚彼此的落差→我意識到某個問題」、而「對方沒注意到或不關心→尋找拉近彼此距離的方法」→接下來才是「我據此衍生的談話／演講內容」。

如前篇「溝通的方法」所談的，我們可以自問一個最簡單、也最基本的問題：

為什麼對方要聽？

不論你的對象是員工、消費者、學生，你認為他會想聽你說話的原因是什麼？

舉個例子，假使你說，我們今天來介紹文藝復興運動，你就得自問：

「為什麼我的聽眾／學生會想聽？」

「我是否能找到一個引起他們關注或好奇的線索？」

假使你想提案下期封面故事來談德國設計，就得自問：

「讀者在現今這個時間點，必須認識德國設計的理由是什麼？」

如果說話者／提案者自己沒辦法回答，就不可能說服聽眾和讀者。你覺得這很重要，你的聽眾／讀者卻未必這麼認為。你必須先勾起他的興趣，他才會為你專注。

「為什麼」有時未必導向實用的答案，而是一個令人好奇的起點。

從提問開始，以此吸引聽眾關注，這是我們之所以需要進行這趟旅程的原因。

產品及市場分析

如果你想造一艘船，

要做的並不是召集人們開始工作，

而是先讓他們渴望大海。

——————聖修伯里

當我們要推出一件商品、開一間店、出一本書、成立一個品牌或頻道，問自己問題是必要的，這麼做還有個重要原因：了解這件商品／品牌／店在市場上的位置。廣告學中有個專有名詞：定位（Positioning），意即在消費者心中創造某個獨特位置，當他想起這項需求，就會聯想到你的商品／品牌／店。

有很多行銷書及課程都談及做這件事的方法，對我來

說，好用的方法一、二樣便很足夠，我自己最常使用的是SWOT分析。

SWOT是 Strength（優勢）、Weak（弱項）、Opportunity（機會點）、Threat（威脅）的簡稱。前兩項與自己的商品或服務有關，後兩項則與外部環境有關。

試以獨角獸計劃說明我的SWOT分析——

Strength（優勢）

1. 二十幾年出版經驗，對產業有一定了解。
2. 過往累積的人脈。
3. 創意。

Weak（弱項）

1. 沒有資金，無法展開需要太多預算及成本的計劃。
2. 沒有前例的事很難說明，初期大眾可能不明白我想做什麼。

Opportunity（機會點）

成立獨角獸計劃的 2017 年，剛好是蔦屋書店大放異采的時期，蔦屋書店扭轉了許多人對書店的看法，對於我想要推廣的觀念，或許是個助力。

Threat（威脅）

「推廣閱讀」的不利點很明顯：書市整體業績下滑，出版被視為夕陽產業，尤其我還想推廣紙本書。

SWOT 分析沒辦法提供「如何做」的答案，它的助益在於評估一件事能不能成、值不值得投入，有什麼弱項及問題點要面對，有哪些長項及機會點可以發揮。

分析後，針對弱項及威脅，我覺得不足以成為障礙。雖然缺乏資金，但是推廣閱讀未必需要很多預算，沒錢有沒錢的作法，而且，這正是發揮創意的機會。至於初期沒人明白，我後來的決定是「那就不再向人解釋」，改以

行動說明。

至於大環境的不利點——這不是理所當然的麼，正因為如此，推廣閱讀才有其必要，如果人人都是閱讀者，就不需要我來做這事了。

待我們有了解法之後，依然能使用SWOT分析評估。工具的好處在於迫使我們離開主觀視角，從其他角度檢驗。這個步驟，最好在做決定之前進行。

我自己是很喜歡作表及分析的人，然而我發現，不止一次，我在分析或作表過程中就明白了該做的決定。不必等分析結束，當我在整理內外條件時，就已經知道我的心之所向，以及我將踏上的是什麼樣的路。

以企劃人的角色來說，外在環境永遠不會百分百按我們預期發展，我們只能盡可能去了解及評估，最終還是回到自己——無論在哪個階段，是否都能明確清楚地回應「我（品牌／企業）為什麼要做這件事」，以及，「我（品

牌／企業）是誰」？

不論使用的是哪種工具，它唯一且最重要的任務就是幫助我們回答這兩個提問。

獨角獸計劃案例

獨角獸計劃的成立初衷是推廣閱讀，然而「推廣閱讀」是個籠統的說法，舉辦讀書會、邀請作家演講、念繪本故事給孩子聽……都是推廣閱讀，重點是，我自己對「推廣閱讀」的定義是什麼？

在我的定義中，推廣閱讀的意思是，使更多人願意親近閱讀，並且自動、自願成為閱讀者。這是我的目的。因此，光只是辦活動還不夠，必須確定這個活動能回應問題，並達成目的——培養閱讀者，連帶的，產業可以生存。

接下來的思考是：為什麼很多人不閱讀？

找出「不閱讀」的原因，我才知道「待解的問題」是什麼。

為什麼很多人不閱讀？

我自己得出的答案如下：（一）太忙，沒時間讀；（二）從未自閱讀中感受到樂趣（原因可能是在教育體制中，不斷

將讀書和考試等經驗聯想在一起）；（三）從（二）衍生而來：讀書是學生的事，是為特定目的而做的事，與個人無關；(四)不知道要讀什麼。

根據上述思考，我將獨角獸計劃的宗旨訂定為：「為自己而讀．為無目的而讀．為純然的愉悅而讀」。

獨角獸計劃的第一個活動類型是在書店舉辦小型讀書會（十人左右），與傳統讀書會不同的是，參加者無需做任何準備，人來即可。我請大家在書店裡自由選書，不帶任何目的，只要是願意花二十分鐘閱讀的書即可。現場讀二十分鐘之後回座位分享。

為什麼如此設計？因為要回應「問題」：

→ 回應「太忙」

讀二十分鐘也會有二十分鐘的收穫。一本書，並不是從第一頁第一行讀到最後一頁最後一句才叫做「有讀」，只要書裡有個段落、有一句話使讀者獲得啟發，這本書就有價值。每天二十分鐘，累積起來就是很大的閱讀量。

分享後，我告訴參加者，這個單元主題是「探索自己」。我請大家思考：同一間書店，每個人挑的書都不一樣，為什麼？因為一個人的選書透露了他的好奇、渴望、焦慮、夢想……那是探索自己的起點。所以，你的閱讀其實從選書那一刻就開始了。

成立獨角獸計劃，除了推廣閱讀、培養更多閱讀者之外，我也想推廣書店，讓實體書店的重要性更被大眾所認知。因此，透過這個活動，我想跟參加者溝通，書店的存在價值不只是賣書，我們推開一間書店的大門，是為了「和未知相遇」。 所以，這系列活動一定要在書店舉辦。

常有朋友問我怎麼想到這些活動的點子？坦白說就是邏輯思考，沒有神奇的訣竅。當你關心一個議題、思考夠深，運用企劃人的方法，自然就會有答案。

＊ 有興趣多了解的讀者，請參考《給未來的讀者》。

3

提出解法

Explore Possible Solutions

建立主軸

無論是專輯或演唱會，

我都習慣有一個概念去支撐它。

在選擇的時候才有依據。

因為必須要有個出發的地方，才有擴散。

———————— 陳綺貞

解法很重要，它是整個企劃案最令人期待的部分。但是，跳過前兩個步驟直接產出的方案，並不是解法，因為提案者甚至不清楚問題是什麼。

解法的基礎是對「目的」和「問題」有清楚的認知，那份認知，就是解法的主軸。

127

主軸是一首曲子的主旋律，為一個場合定調的設計。做書、辦活動、開演唱會、策展⋯⋯都需要主軸。在這軸線上，解法的每個環節都有道理，不是因為「別人都這麼做」，也不是因為「我想這麼做」，而是為達目的及解決問題，它「應該／必須這麼做」。

「一個東西如果設計得好，會有一種『本應如此』的特質。你不會覺得它是設計出來的，會覺得本來就該是這樣。」這是經典設計師查爾斯・伊姆斯（Charles Eames）說過的話。

好企劃也是如此，它會有一種「本當如此」的氣勢。從解法回推會覺得合理得不得了，但在它出現之前，卻沒人想過。

◦　▫　◦　▪

任何主軸都可以簡化為一句話：

你想說什麼？

我在《Shopping Design》製作的第一期咖啡館主題，靈感來自於我自己是個不能喝咖啡卻很愛上咖啡館的人，因此聯想到，咖啡館一定有咖啡以外的魅力，這或許便能成為製作一期封面故事的主軸——「不談咖啡的咖啡館專題」——從設計、閱讀、音樂、美食四個面向來介紹咖啡館，兼談咖啡館裡的創作者及咖啡館老闆。

這期標題是「理想的咖啡館」，副標為「50家風格咖啡館，50個通往自由的祕境」。

主軸的重點在於指引，每一篇文章都要能扣回主軸，不論延伸出多少子題，都必須能豐富主軸所提出的假設——「咖啡館有咖啡以外的魅力」。如此一來，主題才會變得飽滿，並且具有說服力。

在這方面，日本雜誌向來是我們仰望和學習的對象。假若我能從一個主軸衍生出10個小題（10種切入方式），日本雜誌就能衍生出100個。它們總是能在你意想不到的地方挖掘出更有意思的細節，而且仍不偏離主軸。因此

我常覺得，即便不是雜誌人也應該多讀日本雜誌，不懂日文完全無妨，僅僅只是翻閱，都能學到企劃的方法。

除了咖啡館，旅行也是生活雜誌熱門的題目。熱門意謂著對企劃力的考驗。要怎麼談才能不落俗套、同時又能吸引讀者？對這題目我也苦思許久。忘了是從何處得到的靈感，當時心頭浮上一個提問：如果不是觀光式的旅行，而是生活感的旅行，會如何呢？它能不能成為一個有意思的題目？

於是我們做了一期「旅行的意義」，訪問多位因不同目的出發、並且在國外居住一段長時間的旅人。有辭去工作到義大利學料理的理工科男生、到德國看遍建築的建築系女生、從十六歲就開始一個人旅行的年輕冒險家、奉行 on the road 精神的咖啡館老闆、帶著一把剪刀在旅行中為陌生人剪髮的流浪理髮師、以素人攝影的身分征服許多讀者的旅行作家……

我在編者的話當中寫著（編者的話通常就是為當期雜誌

的主軸定調）：「你大概能從他們的旅行中，找到現在的他／她之所以是他／她的原因。很多靈感和行動的來源，以及新人生的可能，大概都跟某一段特殊的旅行有關。」最後摘錄詹偉雄大哥文章中的一段作為結尾——「通過一趟旅行，你才真正變成一個自主的個人（…）旅行是為了創造一個更好的自我而產生的需要，不在於去經歷已知，而是去遭遇未知。」

如此，這期就有了完整的溝通。有觀點、有詮釋、有主軸。重點是，我們想說的話，可用一句話表達。

● ▨ ● ▨

年輕時看過很多企劃書都厚厚一疊，也曾聽過有些主管要求企劃案愈多頁愈好，客戶才會覺得「有分量」。當時我以為這是真理，但現在覺得，真正好的企劃案，一頁A4大小的內容便已足夠。過於冗贅的敘述，有時反而會削弱企劃（溝通）的力道。

可惜現今許多人未從溝通本質去看待企劃，我所收到的邀約提案，九成都只有敘述，缺乏說服。寄件者叨叨絮絮說明關於自己公司種種及過往活動內容，但收信的我讀了半天，還是不明白舉辦這些活動的目的。有些製作得很精美的刊物，問題如出一轍，整本翻完，卻不清楚它究竟想表達什麼？

剛入雜誌界時，一位前輩提醒我，假設你想談台北，台北是一個範圍——你界定了想談的範圍，但「台北」並不是一個題目。題目要有視角。《在台北生存的100個理由》是題目，但《台北》並不是。

視角是主軸的立足點。缺乏主軸的方案很容易過於發散，以至於提案者(傳遞訊息者)自己都無法回答「必須做這件事的理由是什麼」。

真正的企劃思考，到「解法」這階段時，會產生讓人眼睛一亮的東西，讓人不由自主打從心底發出「哇～」的讚歎。

「你想說什麼？」

不時用這句話檢驗自己，就知道此刻我們所在的位置，與精準度的距離。

論述不難

近幾年策展活動多，「論述」這個學術味很重的詞忽然流行起來。不論策展或提案，都被要求要有「論述」。「論述」成為說明或定調一場展覽或活動核心精神的元素。

有趣的是，我發現許多單位都是活動先規劃好了才來想「論述」，並且對此環節感到頭痛。「論述」淪為「化妝」，是最後添加的東西，而不是立足的根本。

這似乎是本末倒置了，也難怪它會很難。

不論稱為「論述」、「目的」或「動機」，總之它應該一開始就確立，作為所有行動依據的源頭。知道為何做這件事（目的）、向大眾的提問是什麼（問題）、然後才是如何做（解法）—— 一路下來，「論述」非常清楚。

論述會難，是因為缺乏前期的企劃思考。

我看過許多「論述」被當成新聞稿來寫，非常嚴肅枯燥。

論述不等於新聞稿，它是說服自己和他人最重要的核心。沒有個人情感及思想的東西才稱為新聞稿。論述作為一項行動的指標，必然要有策展者的觀點。

你以什麼姿態出席一場活動，穿什麼衣服、散發何種氣質、如何與人交談，決定了你的存在感。同樣的，你所策劃的活動及展覽，是否受關注及容易辨識、是否確實溝通了某些訊息，來自你的思考——思考一定優先於執行，只是它現在多了一個專有名詞：論述。

如果論述是活動確立了才開始想，那麼不論案子內容是什麼，它充其量只能做到「說話」，而不是「對話」。說話不難，難的是有沒有人要聽，聽了是否能促成行動或改變。

這個世界噪音很多，企劃人的提案應該要像一把鋒利的刀，一刀就能劃開噪音，不做無謂的事。論述就是執刀的手，決定你的精準度。

創意
源自日常累積

企劃不是突如其來的靈光乍現或神來之筆，

而是從日常生活中，

以每天眼睛所見、所接觸的事物與現象為出發點，

所想到有趣、特別的點子。

—————《練習幸福工作》

「創意」二字可能令許多人卻步，以為是有特殊天賦的人才具備的特質。我也曾這麼認為，結果浪費了多年時間才發現自己大錯特錯。希望讀者不要和我一樣。知名廣告人龔大中在他的著作《當創意遇上創意》書裡提過不止一次，「創意其實是邏輯思考」。

讀者應該已經發現，到目前為止，企劃就是一連串邏輯

思考。因此，與其說創意是種不可捉摸、類似魔法的東西，我倒認為是一種鍥而不捨的精神。

把問題前前後後、裡裡外外看清楚的過程中，心裡一定不斷閃現「為什麼會如此」、「如果那樣會如何」的念頭。行不通？那就再找新的角度，重來一遍。到最後，如創意般的解法一定會誕生。

●　■　●　■

《大哉問時代》書裡有個例子：高爾夫球專家傑克．尼克勞斯（Jack Nicklaus）曾受聘在大開曼島（Great Cayman Island）設計一座高爾夫球場。但是這座島非常小，無法容納正常的高爾夫球場規格。一開始，尼克勞斯和團隊想出一個辦法：設計一座九洞的球場，頭尾各打一次便成為標準的十八洞。然而即便如此，球還是很容易掉進海裡。

後來，尼克勞斯決定不把焦點放在球場大小上，他重新

定義問題：「如果改變高爾夫球的飛行距離會如何？」經過幾番測試研究後，他和企業合作開發出飛行距離較短的「開曼球」，在相同的揮桿動作下，這種球的飛行距離僅有正常高爾夫球的一半。結果，開曼球不僅解決了大開曼島的問題，還受到小島飯店、以及想把後院變成高爾夫球場的人歡迎。

這是個好例子，創意就是這樣產生的──定義問題、鍥而不捨、改變視角。

如果我們知道行動的目的、確定了待解的問題，每個人一定都有一種以上解決問題的方法。難就在於我們把問題擋在門外，跟解法錯身而過，還以為是自己缺乏創意。

記住：先有漂亮的問題，才會有漂亮的答案。

多年前聽詹宏志先生演講，他曾提到，每一段時期，他心裡會有幾個關心的題目，不同時期可能題目有些變化，但他心裡始終有幾個特別關心的議題。

多年後我忽然明白，其實這就是企劃人的特質。

有關心的主題，就會對該主題相關的關鍵詞敏感，當資訊經過的時候，你的「雷達」會主動捕捉，那幾乎是下意識的反應。

我有個開玩笑的說法稱為「孕婦理論」。當年懷孕時，曾經納悶路上的孕婦怎麼變多了？後來恍然大悟，不是「孕婦突然變多」，而是我的「濾鏡」改變。因為自己是這個狀況，就會對相同處境的人特別關注，因此產生錯覺。

剛從出版社踏進雜誌界時，忽然發現，雖然職稱都是編輯，工作邏輯卻完全不同。出版編輯需要對一個主題挖深，有較長時間和一本書相處；雜誌編輯卻必須隨時處於吸收新資訊、思考新資訊（能不能變成題目）的狀態，料

理一個題目的時間較短。從那時起，我頻繁地使用雲端文件，原本只是當成讀書筆記，把書裡讀到的好句子記錄下來，後來延伸成許多分類，根據當時想要學習或特別好奇的主題分別建檔，例如：閱讀、設計、創作、工作、科技等等。往後只要接收到能幫助我思考的資訊，就會特別留意並且記下來。久而久之，我的觀點和資料庫也會演化。雖然記錄的當下並不知道這些資訊會有什麼用處，但在需要的時候，它們會自動組合、聯想、延伸。

成為獨立工作者之後，經常被問到為何會有「獨角獸計劃」的點子，老實說，那是某天一覺醒來突如其來的靈光一閃。話雖如此，我認為那也是我在這領域思考了二十幾年的結果。如果平時沒有特別關心的事物，所有資訊對我都無關痛癢，也就不會有靈光一閃的瞬間。

反過來說，那些我們以為靈光一閃的時刻，都是因為日常的累積。潛意識的資料庫儲存了許多我們的「雷達」捕捉到的訊息，在某個被觸發的時機點，產生意想不到的串連，催生出好點子。

我很欣賞的創意人小山薰堂在他的著作《練習幸福工作》
中曾提到：「從本質上來說，企劃就是服務，也就是思
索如何讓人開心、獲得幸福。」

我想，對小山薰堂這樣擁有多元身分的人來說，除了有
許多關心的主題之外，他一定也時時刻刻關注著：什麼
是有趣？如何讓事情變得有趣？如何能讓人開心？

他在金谷飯店改造案例中，為飯店所有工作人員（包括
清潔人員、司機……）都製作了名片，但所謂名片並不
是公司制式化的名片，他認為飯店裡所有第一線與客人
接觸的員工都會影響客人對飯店的觀感，因此他訪問每
位員工，請他們把自己最喜歡這間飯店的地方拍下來，
印在名片背面。如此每當與來客接觸時，便可以遞上名
片，並以自己的口吻和角度推薦飯店的迷人之處。後來
甚至還以這些照片為員工們舉辦了攝影展。

他讓每個人都有參與感，相信自己能對組織有所貢獻，
也讓每個人成為公司最好的推銷員。不是花大錢舉辦上

對下的教育訓練,而是運用有趣的點子,以一張小小的名片,達成了無數會議想要達成的目標。

這就是創意。

我們關心什麼、關注的角度為何,會大大影響我們看世界的眼光。好的企劃案並不是任務交辦那一刻才開始運轉,早在遇到這些案子之前,好點子就已經在等待破繭而出了。

※《練習幸福工作》,小山薰堂著,張玲玲譯,遠流出版。

向孩子學習

了解孩童的意識

能讓我們對於日常的成人意識

及身而為人的意義，

產生一種全新的的觀點。

——————《寶寶也是哲學家》

「相較於成人大腦，嬰兒大腦確實有更加高度的連結，也有更多可資利用的神經通路。當年紀漸長、經驗日增後，我們的大腦會『剪除』不太有效、較少使用的神經通路，並強化經常使用的那些。假如你瀏覽一張嬰兒大腦圖，它看起來會像是古老的巴黎，充滿許多蜿蜒曲折、四通八達的小巷弄。在成人大腦中，那些窄小陋巷會被少數幾條更有效率的神經大道所取代，以便容納更多的交通流量。年輕的腦袋瓜比較靈活、有彈性，它們很容易接受變化，但是它們比較沒有效率，無法運作得和成人大腦一樣快速、一樣有效。」

如果能看到自己的大腦圖，你覺得自己的大腦圖仍保有（可喜的）複雜度，還是已經變成單調的稀疏通道呢？

企劃的前兩個步驟需要成人意識 —— 可預測的因果關係、據以推導出有效率的作法，但在解法方面，我們需要向孩童學習。

擅長說故事的義大利國寶級作家羅大里，在他的經典著作《想像力的文法》[2] 中以近五十種培養想像力的方法，串起一個個充滿歡笑及驚奇事物的不可思議世界。試以書裡的一個例子來帶我們領略「創意」是什麼。

●　■　●　■

幼稚園老師要小朋友用「嗨」這個字編故事，以下是一個五歲男孩的版本：

一個小男孩失去了說好話的能力，他只能說很難聽的話，例如：大便、屎、混蛋等等。於是媽媽帶他去看醫生。醫生留著一把長長的鬍子，他對小男孩說：「把嘴巴張開，舌頭伸出來，眼睛看上面，做個鬥雞眼，鼓起腮

幫子。」然後醫生說小男孩應該想辦法找到一句好話。

小男孩先找到了這樣一句話（說故事的小男孩用手比出大約二十公分的長度）：「煩死了。」這句話不好聽。然後他找到了另外一句話（大約五十公分長）：「自己看著辦。」還是不好聽。再後來他找到了一個粉紅色的字，「嗨」，很短，把那個字放進口袋裡帶回家之後，他學會了說好話，變成了一個好人。

·　■　·　■

我覺得這個故事超級可愛。我們來分析一下它有創意的地方。

首先，關於「嗨」，大人一定受限於對這個字的語義認知，可能會聯想一些以「打招呼」開始的情節，但你看看這個小男孩，「嗨」對他來說是一個粉紅色的字。

第二個令人驚奇的地方在於他用長度來形容一句話：「煩死了」是二十公分，「自己看著辦」大約五十公分。你會想

到用這種方式「演出」一個句子嗎？

最後，當然是這個故事本身。喜歡講大便、屎……的小男生，找到故事的靈感，他把「嗨」設定為一個「好字」，然後「放在口袋帶回家」，「從此變成一個好人」。

此外，故事裡的醫生也很有趣，他不說教，而是要小男孩「把嘴巴張開，舌頭伸出來，眼睛看上面，做個鬥雞眼，鼓起腮幫子」。在孩子的眼中，這才是一個能與他對話的大人。

《想像力的文法》書裡還有個方法，我覺得相當受用，非常適合在生活中練習，當成好玩的遊戲（它原本就是），可以自己進行，或邀家人朋友一起。不需要螢幕、不需要充電、沒有空間限制，唯一需要的是我們的想像力。

作法很簡單——在熟悉的故事中加入一個新的元素，然後編出新的故事。

「舉例來說，『小女孩』、『森林』、『花』、『大野狼』、『奶奶』這五個系列詞彙足以勾勒出《小紅帽》的故事，但是第六個詞彙卻打破了這個規則：『直升機』。」

或者是翻轉——
小紅帽是壞人，大野狼是好的……灰姑娘心腸惡毒，不但欺負仁厚的繼母，還搶了姊姊的未婚夫……

●　■　●　■

如果一個故事能令你驚奇，你的「因為……所以……」一定會受到挑戰。那麼，未來發想企劃或是面對生活中的處境時，肯定會有更具彈性和跳脫框架的思考。

創意並不是一門課，而是所有人都能在工作或生活上運用的方法。我們要先認同「創意」不是特殊能力，而是必要條件。

1 《寶寶也是哲學家》，艾利森．高普尼克著，陳筱宛譯，商周出版。
2 《想像力的文法》，羅大里著，倪安宇譯，網路與書出版。

企劃意識

日常的累積，需要舉一反三的能力。可以從一個簡單的自我提問開始：

我能學到什麼？

只要腦海裡經常有這個問句，任何案例對你來說都會是啟發。

·　■　·　■

對於自認沒有企劃能力的人，多半我都是存疑的。我認為大部分人並不是沒有企劃能力，而是缺少「我能學到什麼」的企圖。

在一次企劃課堂上，我請學員們講述近期發現的好案

例，好幾位都提到了與自己工作領域相關的成功案例。接著我問，這些案例很棒，應該給了大家信心，有沒有想過可以如何應用在自己的工作上？出乎意料地，不少人同時搖頭。

「因為那是某某人才有可能。」

「不可能」的原因還可以無盡延伸：「因為他們預算比較多」、「因為文化不同」、「因為沒這樣做過，上面的人不會同意」……「不可能」是一種阻斷機制，讓人放棄探索。

如果不先為「不可能」找理由，而是問自己：「我能學到什麼？」結果會如何？

學習並不是複製，複製是抄襲，並不是學習。學習意謂著動用自己的全副身心，把所吸收之物變成自己的一部分。因此，對於好案例，我們要學習的是企劃的思考脈絡，而不是表面的呈現。

「他是怎麼想的？」「他為什麼會這樣想？」「我為什麼

沒這樣想過？」「我被什麼困住？」從思考方法去獲得改進，我們就會創造出屬於自己的東西。

經常培養企劃意識，讀到好案例就不會輕易認定與自己無關。就算是不同領域也能作為參考——甚至是更好的參考，因為更不會受已知限制。

企劃意識是一把鑰匙，打開通往可能性的門。

◉ ▨ ◉ ▨

總結來說，我認為「企劃意識」是以下的總合：

好奇心＋學習的企圖＋應用的能力

我自己很喜歡讀其他領域的創意行銷案例，然後思考能不能運用在推廣閱讀上。我覺得這是很令人興奮的思考練習。在創意方面，我最重要的學習都不是來自本業。或許很難直接指出哪一場活動是受了哪個案例的啟發，

但我相信,「想要學習」的企圖自會將那樣的連結深印在我腦中。不同領域的創意組合,運用在自己關注的領域上,成了新的創意。

現今對企劃人來說是再好不過的時代,任何領域相關資訊都非常多,無論哪個行業,都有許多好書、好案例可供參考。重點只剩下:我們有沒有企劃意識?

學到了之後試著應用。一件事能不能成,做出來才知道,不是用想的。

學到思考方法,用自己的方式應用,不論結果如何,那都是身為企劃人的累積。看到了新的道路,想知道前方有什麼;學到經驗,就會得到升級的能力。更重要的,它會增強你的信心。

「我能學到什麼？」是很有力量的問句，不僅適用在學習成功案例，對自己而言挫敗的經驗，更適合。

一旦這麼自問，挫敗就有了積極的意義，它就不是把我們往下拉的負面事件，而有了向上提升的動能，被我們轉化為成長的養分。用不同的眼光去看待，迫使自己學到東西，那就是智慧增長的開始。

不再犯同樣的錯誤，也是很重要的學習。然而若沒有「我能學到什麼？」的企圖，這些好的、不好的經驗所蘊含的價值，都會與我們錯身而過。

企劃意識其實很簡單，就是所有來到我們身邊的事物、所有打開眼界所見識到的前人經驗，我們都能有所學習。如此一來，這世界的豐富性，也將成為我們自己的。

不把限制視為障礙

不要把限制視為障礙，因為限制也可能是突圍的方法。

2023年，一位年輕企業家邀我在他們管理的大樓內經營一個閱讀空間。由於我沒有人力和資金，也不認為社會上需要我來再開一間書店（國內好書店很多，讀者買書的管道也很多）。因此，一方面並非必要性，另一方面是我個人限制，無法負擔經營一個商業空間的各種成本，於是一開始就不以「書店」形式思考。

我的提案是：把它變成一個以書策展的場所，藉以溝通我們認為有趣或有意義的議題，現場不需要工作人員。我將此空間命名為「a reader」，閱讀者空間。

a reader 每兩個月提出一個主題，據此選書，就像做雜誌決定封面故事一樣，從一個主軸延伸，可以有各種討論。現場會有一封信，說明當期主題的緣由想法，就如同每期雜誌「編者的話」，為主題定調。

有趣的是，實體空間還能實驗各種好玩的事。從第一檔

「天文書店」開始，我們邀來了「草率季」＊ 策展團隊「草字頭」一起合作。每一檔主題，我負責企劃選書，草字頭則負責空間規劃及策展。從第一檔合作開始，他們就執行一個小巧思，將「展」做在書裡（事先蒐集各種冷知識，以卡片形式夾在書裡，讀者必須實際翻書閱讀才會發現）。除了與草字頭合作，我也會依不同主題舉辦相對應的實體活動（例如天文書店期間，邀請台灣暗空協會理事長帶讀者到頂樓觀星並溝通暗空的重要性）。

a reader 實際上是基於我個人的限制而產生的想法（企業家老闆反而沒給任何限制）。我沒能力開書店，但也因此走出一條新路，基本上我就是以企劃方式經營空間。

我認為所有的企劃都源於限制，有些限制來自外部、有些來自內部。企劃案是否傑出、以及能否執行得好，關鍵因素或許不在於資源，而在於我們看待限制的方式。

＊ 「草率季」是一個結合國內外創作者、獨立出版、藝術家等，展出各式創作、獨立刊物，並結合表演及裝置藝術，充滿實驗精神的大型藝術書市集。

發想時
最重要的事

事實上，並沒有所謂的偶然。
如果一個人迫切需要某樣東西，
然後找到了這個東西，
那麼賦予這種機會的就不是偶然，而是他自己；
是他本身的渴望和迫切帶領他去找到它。

——————《徬徨少年時》

發想階段其實並沒有明確的分界點，事實上從企劃的第
一個步驟——確認目的——開始，發想的引擎就已經驅
動。所以理論上，待我們確認目的、釐清問題之後，應
該已有些想法冒出。

如果還沒有，這裡提供幾個方向供參考：

157

1. 找亮點

身為編輯，我一直認為這個身分最可貴的能力就是「找亮點」。任何人事物，一定有其獨到之處，重點是誰能辨識出。一本書或一位作者被交付到自己手上，第一件事就是為它／他找亮點。因此，編輯某種程度來說也是鑑賞者，必須能看出潛藏在璞玉中的價值。出版史上有太多這類案例：大作家在成名之前不斷被退稿，最終因某位具慧眼的編輯為他背書，作品才得以面世。

但是，找亮點這項能力並非編輯專屬，也並非只能運用在出版上。就跟提升閱讀能力一樣，閱讀能力強的人，對於一幅畫、一首曲子、一個地方或人，也會有更高意願、更多元的視角去解讀。若能不斷磨鍊找亮點的能力，它會成為習慣，最終我們在其他人事物身上看到的亮點，也會反過來照亮我們自身。

我非常敬仰的日本設計師梅原真，就是找亮點的高手。他的經典作品非常多，在日本是拯救一級產業、有地方

設計元祖之稱的大師級人物。各位若是看過日本人氣節目《全能住宅改造王》，可以這樣想像：梅原真之於那些瀕臨破產的老店家或小農漁販，就像每回義氣登場改變一家人生活的建築師。

非常有名的「四萬十栗」曾經因為削價競爭產量爆跌一蹶不振，栗子園一一關閉，變成一座座荒廢的栗子山，十多年無人聞問。但在不忍地方價值消失的梅原真眼中看來，這當中仍潛藏著機會。

正因為十多年被放任不管，這是一處沒有受到農藥汙染「零化學的栗子山」。他設計新品牌「四萬十地栗」，從完全沒有知名度到讓產量復甦，憑藉的正是他「找亮點」的眼光。他說他的設計「要找出土地的個性」，呈現「從山裡出品的表情」。

「砂濱美術館」也是我非常喜歡的案例。它所突顯的問題，與台灣經常面臨的處境，有極相似之處。

「1980年代，高知政府構想著要在海邊建造大型度假園區。梅原真聽聞此事，心想『這是在開什麼玩笑』，花費大筆預算的度假園區，找來都市的演藝人員創造一日的狂歡人數，一日之後什麼都沒有留下⋯⋯惱怒之後他寫了一份『砂濱美術館』企劃書：我們的小鎮沒有美術館，美麗的砂濱就是美術館，鯨魚是館長，綿延四公里的砂濱、林木、海龜就是藝術品，照明來自太陽與月亮，背景音樂是海浪的聲音，這絕對是都市模仿不來的魅力空間。」

他深知，只是惱怒，去不了任何地方。這份企劃書及後來的「T恤藝術展」保留了美麗的砂濱，並為當地帶來更高的觀光效益。

原本以為什麼都沒有，其實有。企劃人的能耐，就在此處展現。

2. 創造連結

先前提過，網路時代的溝通方式已和過往不同。不論多麼冷門的興趣，都能在網路上找到同好。這些因嗜好或價值觀而組成的社群，凝聚力及認同感可能比國族或職業更深。

因此，當我們要宣傳一本書、一位作家、一場表演或活動，必須去找出與之相關的社群。這件事，必然包含在「企劃」之中。做出東西和為它行銷一樣重要。

前述《Curation策展的時代》提及音樂經紀人田村直子為獨立音樂家吉斯蒙提所做的事便是如此。她去巴西歌后演唱會現場散發傳單、透過古典吉他樂迷聚集的社群平台釋出訊息、在分眾雜誌《現代吉他》創刊四十年紀念音樂會上預告活動……

「為了這些分眾化為很多小圈圈的資訊社群，田村在廣袤的濕地探險，檢測每個水窪的水質，用望遠鏡觀察來

到沼澤附近的生物，然後順著水流找到另一個濕地，又再加以涉足觀察，簡直就像是在進行生物學上的田野調查。」

這個時代的行銷重點便在於此──創造連結。對從前的行銷人員來說，創造連結原本就很重要，現今有了網路科技，使得這件事相對複雜（連結更多）又相對簡單（速度更快），重要性更勝以往。

「憑著狩獵者的嗅覺本能找出觀眾。」無論多麼不被看好的挑戰，都有大放異采的可能。這正是從事企劃工作最有意思的地方。

3. 先別管技術問題

切忌以技術性問題否決任何提案。

會議中經常可見有人在發想企劃時潑冷水:「那人很難約」、「場租很貴」、「沒有人成功過」……企劃人必須阻止這類聲音蔓延。

「先確定提案本身符合目的且能解決問題」,這才是發想階段最重要的事。如果檢驗後發現它根本不符合目的或未能解決問題,自然略過不需討論。如果都還沒確認它是對的作法,就先苦惱執行問題,那是浪費時間。

先確定它是一件對的事,技術問題再一一解決。

我有時甚至會這樣想,正因為它很難,才是個好企劃。簡單的事人人可做,何必需要我們?你想得到的,別人也想得到。別人做不到,才是這件事值得花心力討論的原因。

4. 保持彈性

任何事都可能有變數，記得保持彈性。如果一份企劃案只要其中一個環節出現變數就無法前進，那麼有問題的不是企劃案，而是執行的人。

如果出現變數就無法前進或任由成果大打折扣，那通常是因為目的不明。因此，變數也是對企劃精準度的一種檢驗。假使整個團隊都很清楚目的及待解問題，「此路不通」，他自會去尋找一條新路，並且不減損成果。

創意過程裡藏著一個真理。
如果你觀察任何一位聰明又有創意的人，
不論是創業家、科學家或是藝術家的職涯，
很可能會訝異地發現有個共通的特質：
他們的成功常是靠著 B 計劃。

———————《藝術家想的跟你不一樣》

● 發想時最重要的事 ▓

工作就跟人生一樣，前進道路上的變數未必不好。有時它是我們「做得不對」或「可以做得更好」的提醒。只要目的及主軸明確，永遠有克服的方法。

一直以來，不論寫信或傳訊息，我都習慣在末尾祝大家一切順利。但事實上，工作很少是一帆風順的——特別是長期、沒做過、富挑戰性的工作。事情能完成、能做好，並不是因為它很順利，而是因為我們有選擇。只需停下來自問：在這情況下，我能做什麼使事情前進？

前文提過，世上大部分事情都不存在必然的結論——如果我們設定A立場，一定能找出各種支持A的論點；反之，如果傾向採取B立場，同樣也一定能找出夠多的理由支持B。

所以，不論工作或人生，「順利」的關鍵不在工作本身，而在於我們朝哪個方向看，我們如何自問。每一次遇到阻礙就問自己：「如果要使情況好轉，我能做什麼？」一旦這麼問，就一定會看到選項。

「祝大家一切順利」包含複雜又簡單的心意：祝大家不放棄、也不動怒，往「使事情朝最好方向發展」去問真正重要的問題，然後順其自然。結果若非自己所想，也相信它會帶來新的可能性。

那麼，工作就會成為一場好玩的遊戲。

1－2　皆參見《地方設計》，蔡奕屏著，果力文化。
3　《藝術家想的跟你不一樣》，威爾・岡波茲著，沈耿立譯，遠流出版。

讓答案自動浮現

眾神的活動……一定是某種形式的沉思。

──────《人性較量》

有時候，問題需要醞釀和發酵，不要太快回答。

從在學校開始，我們就被訓練要追求正確解答，問題和答案之間，距離愈短愈好。這樣的我們進入職場之後，更是被效率追著跑，尤其在有時間壓力的情況下，常常是「被迫」產生企劃或提出解決方案。

然而，效率未必等於品質。高壓下得到的答案，不論是不是好答案，都很傷身。我自己也是這樣一路走來，但現在我發現，不需要急，把問題放在心上，和它共處一段時間，先去做別的事，答案自然而然會現身。這不是自我催眠，而是有科學根據的──

「在神經科學出現以及科技進步促成神經科學的研究之

前，我們很難理解為什麼絞盡腦汁都得不到結果，放空大腦或讓大腦神遊時，反而答案自然冒出來。如今我們知道，大腦放空時，其實不是真的閒置不動。那時潛意識恣意地馳騁，充滿了活動（⋯）這是大腦的思維預設模式，也是彈性思維的關鍵大腦流程。」

所謂「放空」或「做別的事」，並不是指看電視或滑手機，一旦腦袋被「停不下來」的事占據，彈性思維依然沒有活躍的空間。散步、做園藝工作、做料理⋯⋯都是幫助放空的好方法。重點是為創意清空通道。因為大腦很難真正放空，當我們的身體從事安靜、放鬆的活動，大腦的彈性思維就能自動運作。

「彈性思維的神經網路會仔細翻找大腦中儲存的龐大知識庫、記憶庫和感覺庫，把平常不會聯想在一起的概念結合起來，並注意到平常不會發現的關聯。這就是為什麼休息、放空或從事其他安靜的活動（例如散步），能幫我們有效激發點子的原因。」

從前做雜誌時，如果同事寫不出稿子或想不出好題目，我都會建議離開辦公室出外走走，去咖啡館喝杯咖啡、看

展或看電影，總之不要思考與工作有關的事，如此，反而會得到靈感。（當然，最後還是要交出好東西！）

《什麼時候是好時候》對這件事也有著墨。研究者做了大量研究，發現學生在應考前衝刺到最後一刻，不如在考前放鬆、放空半小時（進食、玩樂、聊天），表現更好。

對我來說，還有一個最省力的絕招。對於想不清楚的問題，晚上入睡前，我會在心裡複述一遍，然後就不管它，安心去睡。第二天一醒來——腦袋最放空的時候，分析思維（主觀意識）尚未全面接管思路之前——回想前一晚的提問，通常解答便會隨之浮現。獨角獸計劃的許多活動靈感，都是這樣誕生的。

「放鬆的大腦會探索新奇的點子；忙碌的大腦只會尋找最熟悉的概念。」[4]

以大腦來說，迂迴有時是捷徑，停下來反而前進更快。

1 《人性較量》，布萊恩・克里斯汀著，朱怡康譯，行路出版。
2～4 參見《放空的科學》，雷納・曼羅迪諾著，洪慧芳譯，漫遊者文化。

檢視的標準

沒有豐富的想像力，

沒有培養感性和審美意識，

一定會被淘汰。

雀躍歡欣、心動好奇、美好、迷人、開心。

在未來的時代，

最重要的就是要好好珍惜這樣的心情。

────────《SNS社群行銷術》

想出企劃點子了，好開心！多日的煎熬可以告終，立刻
開工作會議把任務分派下去！

──請等一等。

「想法」不代表就是可以執行的企劃，在此之前還有個重要步驟：評估。以下提供幾點評估標準：

1. 是否符合目的

請評估它是否符合「目的」。

在企劃案發想過程中，雖然我們按照步驟，從確認目的、定義問題，一路到提出解法，但這當中不免出現岔路、使我們分心的事物、影響我們作決策的突發狀況……很有可能提出解法時，早已遠遠偏離航道。

如果所謂「解法」並未符合初衷，它就不是解法，只是思考過程中的一個停頓點。

不符合目的，意即它不能解決問題。

然而這些過渡的想法並不是一無是處，它可以幫我們修正行動，找出偏離航道的原因，否則整個團隊就會全力

往錯誤的地方衝刺。

所以,當一個點子冒出來的時候,請先檢驗,它是否符合目的?符合目的便可繼續,不符合請立刻捨棄,不要浪費時間。

2. 是否有別人在做類似的事?

解法階段還有另一種狀況需要考慮:企劃想法或許符合目的,但它並不獨特,已有他人(競爭者)在做類似的事。

很多人在開課程,我們就不能開嗎?並不是別人在做的事,我們就不能做,而是,企劃人必須對「市場」有所掌握。如果我們推出的商品、活動或服務並不是首創,無可避免地便需要思考,與他人相較,我們的特點或優點是什麼?消費者不去別人家消費,而來我們這裡消費的理由是什麼?目標對象為何要買單?

只要它屬於商業範疇,就必須放到市場檢驗。如果我們

以為找了好的老師、好的場地，課程就一定能賣，那就太一廂情願了。商品或服務好或不好，並不是自己說了算。當然我們必須有信心，但是，信心要建立在客觀的分析上，而不是盲目的自信。這也是企劃的基準：知道自己有什麼，市場上缺什麼，找出打動目標對象的焦點。

《SNS社群行銷術》提到獨創性思考，有幾個方向供參考：

> 別人沒想到的
> 別人沒做的
> 別人做不到的

在解法階段，如果評估後找不出自家優於競爭者的優勢，那仍然還不算是解法。我們的不確定，就是消費者的不確定。所謂解法，必須讓目標對象在眾多選擇當中，有機會優先思考我們的提案。

「愈是肯逆風而行，你想做的事一定愈具備新的價值。」

3. 是否促成行動

一項企劃案之所以被提出，大都有促成某個行動的目的：買票／消費／報名／改變觀點等等。如果想出了點子，卻沒能促成行動，仍是白費力氣。

以公部門的刊物為例，很多標案會包含製作一份刊物，通常也要求做得精美，然而問題是，這份刊物除了作為結案報告成果之一，實際上沒有促成任何行動。它或許詳述地方上的風土人情，卻沒將「如何被目標對象看到」列入考慮，也未從企劃源頭思考（地方上的問題是什麼？希望目標讀者如何參與改變？），因而「做出來」便結案，僅此而已。

偶有讀者問我，想將自己的文章集結出版，應該找出版社較好，還是自費出版？但這問題問錯了，如果要出書──它就是溝通的媒介──第一個該問的問題是：讀者為什麼要買這本書？出書並不是最終目的，最終目的是有讀者願意讀。所以你出的書必須能促成行動──有足夠的讀者

願意掏錢買回家。成立自媒體、辦活動、開一間店……
也是一樣，並不是我們孤芳自賞即可，如果不能促成行
動——吸引粉絲、客人上門——肯定有某些事沒做對。

「是否促成行動」是在企劃案推出前最重要的檢驗指標，
它也與「目的是否明確」直接相關。前述事項思考清楚，
它的成效及影響力會令你驚奇。

4. 是否足夠有趣引起傳播？

對的事情只需做一件便足夠。

2012 年有支影片成為後來的行銷經典案例，但事實上
它並不是多專業或精緻的影片，說到底，就只是非常有
趣而已。

當時有個以類似雜誌訂閱制方式銷售刮鬍刀的「美元
刮鬍刀俱樂部」（Dollar Shave Club），打著每月只需
一美元的旗號，想攻進年輕人市場。創辦人麥可・杜賓

（Mike Dubin）為宣傳這個策略，自導自演拍了一分半鐘的影片，放在YouTube上播放。影片中他邊走動邊詳述為何加入「美元刮鬍刀俱樂部」是更聰明的作法，中間搭配各種搞笑橋段，不過度誇張，又令人留下深刻印象。重點是有趣。結果這支影片短時間內就超過兩千五百萬次觀看次數，兩天內獲得一萬二千名客戶。2016年市占率超過領導品牌吉列（Gillette），最後以十億美元被聯合利華公司高價收購。

有趣的事，有時甚至不花一毛錢。2015年，可口可樂為了在丹麥推廣零卡路里可口可樂，希望能吸引青少年，便在臉書上推出猜謎遊戲，只要猜中就送零卡路里可口可樂作為獎勵。結果有九萬多名民眾參與，三萬五千多名青少年向超商兌換免費可樂。

青少年會參與是因為它多了好玩的設計，並且很簡單。

我們能不能把「有趣」注入我們發想的點子中？現今這個時代，不運用網路的力量就太可惜了。如果你的企劃及

文案無法吸引人轉發，幾乎就注定了湮沒的命運。

還記得澳洲大都會鐵路公司推出的「愚蠢的各種死法」影片嗎？為宣傳鐵路安全，鐵路公司以可愛有趣的動畫，搭配琅琅上口的歌曲，「演出」各種「愚蠢死法」，包括在自己頭上點火、躲在烘衣機裡、戳熊、服用過期的藥品等等，最後重點當然是站在月台邊緣、跨越月台撿東西等宣導鐵路安全的部分。這支影片風靡全球，還得到包括坎城國際創意大獎等多項獎項。

「未來的廣告企劃案必須具備這樣的條件——讓人會想在 SNS 發文。」（當然發文的內容不能是負面的。）

在推出方案之前，先試問：

這個案子有吸引轉發、分享的魅力嗎？

● 檢視的標準 ▨

透過 SNS 吸引認同你的人，成為你的粉絲。

對各行各業來說，都能以這個模式來工作，

一個與過往截然不同的世界正在成形。

————————《SNS社群行銷術》

參見《SNS社群行銷術》，藤村正宏著，黃瓊仙譯，凱特文化。
參見《行銷的多重宇宙》，陳偉航著，時報文化。

《蒼鷺與少年》不做宣傳的原因

宮崎駿睽違十年的動畫作品《蒼鷺與少年》，上映前只釋出海報，沒有預告片、沒有劇照，也不做任何廣告宣傳。製作人鈴木敏夫請大家直接到戲院觀賞。

消息一出，有人覺得十分大膽和冒險，佩服製作公司的「無為」。然而吉卜力並不是單純不做宣傳，這是精心思考後的結果。

以《蒼鷺與少年》來說，不做宣傳，就是一種宣傳。

首先，「宮崎駿」這個名字本身即具有號召力；再者，宮崎駿上一部執導的動畫《風起》，已是十年前（2013）的事，大眾對新作極度好奇與期待；第三點，宮崎駿年事已高，多次宣布退隱，宮崎駿迷不知道還能有多少部大師作品可看，就算零宣傳，也肯定捧場。

基於這幾點，不透露任何訊息，反而能增加神祕感，更引人企盼。看完電影後，似乎更明白不做宣傳的理由。這部

作品「不容易懂」，與其剪出一段短片預告，或擷取任何片段畫面作為代表，觀眾也未必理解，不如完全保密。

這也是為何本書一再強調要從根源思考。如果只是跟隨別人作法，永遠想不出還有「不宣傳」這招。就算企劃人敢提，高層恐怕也沒有自信接受。

事實上，《蒼鷺與少年》並不是吉卜力第一部不做宣傳的動畫電影，《霍爾的移動城堡》已有先例。當時因為《神隱少女》票房大賣座，而有「能這麼成功還不是因為宣傳很賣力」的耳語，創作者聽來肯定不是滋味，加上鈴木敏夫本人也不太認同上映前透露太多劇情的作法，因此《霍爾的移動城堡》便決定採用「不打廣告的廣告」。

請注意，「不打廣告」不等於「不廣告」。「不打廣告」引發的議論，就是企劃者的廣告策略。

話雖如此，我們仍得佩服吉卜力，有想法是一回事，敢執行又是另一回事。只有富有遠見及自信的決策者，才有辦法將這步棋澈底執行。

※ 參見《天才的思考》，鈴木敏夫著，緋華璃譯，新經典文化。

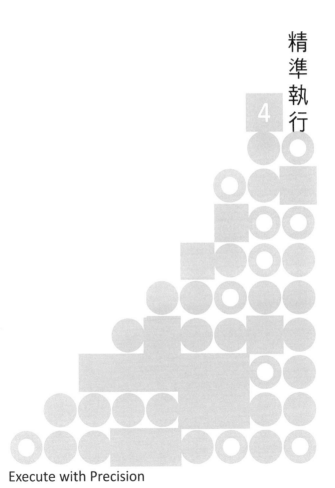

精準執行

4

Execute with Precision

精準度

重要的不是點子,而是「精準度」。

————————《品味,從知識開始》

我的前老闆大塊文化董事長郝明義先生曾經企劃一個書系,書系名稱是「5%」。大意是說,不要小看5%的差異,微小的差異會造成極大的不同。後來書系沒有繼續發展,然而我對這「5%」的觀點及創意,印象極為深刻。

多年後自己的經驗及歷練多了,益發認同郝先生的觀察。其實不需要到5%,每個環節只要相差1%,最終結果就會天差地遠。

作為受訪者,我曾有幾次困惑的受訪經驗。訪談時順暢

愉快，感覺採訪者有備而來，對於我的回答大都能提出延伸訪問，做了筆記、也錄了音。但是收到稿子時非常驚訝，裡頭很多引述都不是我的原意。

為何會如此？當然有一種可能是我的表達能力有問題，若非如此，我想不外乎幾點原因：對方的理解力、抓重點的能力、寫作的能力。簡單來說，就是精準度。

有了input（輸入）還不夠，還要能有效地output（輸出）。中間需經過名為「我」的過程，上述能力都包含在「我」當中。「我」的功能愈強，輸入及輸出的品質就愈高。

這不僅是相差1%的問題，假使最終交出不合格的作品，枉費了前期所費的工夫，是非常可惜的事。我們常說「人脈」，其實就建立在這些大大小小的接觸點之上。一次愉快的會面、成功的合作，都會使人留下印象。每個足跡都是線索，使人們更快速找到你或是避開你。

因此，不要小看任何一樁小事，大事就是由小事的品質累積而成的。這些事件都會形成「我是誰」的印象分數，「我」可能是個人，也可能是品牌、企業。「我」一站出來即代表信賴還是質疑，差別就在於我們對那1%是否重視。

● ▪ ● ▨

精準度包含許多細節。

在雜誌社工作時，我對同事們發出的邀約信非常重視，因為每個小動作都會影響報導的品質。並不是確定了採訪對象、發個信詢問意願便了事，工作者如何說明自家公司、如何表達邀約原因、說話的口氣及態度，都會影響對方的意願，以及對此篇報導的預期。

不論此刻你要企劃的是什麼項目，請以同樣的態度前進。

每個環節都不要輕忽，都要從「它將如何影響最終成果」的角度去思考。

· ■ ◎ ■

第二屆高雄城市書展（2023年），我有幸擔任策展顧問之一，負責提供企劃及文案方面的建議。書展眾多活動中包含許多邀約作業。某次會議中，我給正在進行邀約卻不順利的執行單位建議：「我們應該化被動為主動。並不是廣發邀請函，看看有哪些單位願意來，而是反過來，針對此屆我們設定的主軸，先行思考，我們認為的『黃金陣容』包含哪些單位？然後站在對方立場想，為何他們要千里迢迢、耗費時間成本來參加？我們能提供哪些誘因？」

如此一來，你的行動才不會「虛」，每一步都踩在穩固的基準點上。

● 精準度 ▨

如果首選名單中的前二十名只有十五組答應前來，那麼就繼續往第二順位名單進行邀約。如果因為預算問題提不出夠吸引人的誘因，外縣市單位不願意前來，那麼先停下來自問，一定需要外縣市單位參與的原因是什麼？若是沒有這些單位，會對整體活動造成重要影響嗎？如果不會，那麼就聚焦在高雄在地，不需要花時間在非必要的事務上。

所謂精準度，有一部分來自必要和非必要的取捨。當你耗費精力在非必要的事務上，必然會削弱整體的精準度。也因此，我最常給的建議是：不需要舉辦上百場活動卻每一場都差強人意，不如聚焦在最核心的三十場或五十場，每一場都執行到一百分。

過去在雜誌社幫同事看稿時，我常請他們精簡文字。我們可能以為多餘的東西就算沒加分也不會造成問題，實際上卻非如此。兩百字可以表達的文章寫成五百字，並不是沒加分而已，多餘的訊息實際上會消耗讀者的專注度，沒加分的東西其實就是扣分。

活動及策展也是如此。每一件物品、每一個環節、每一張海報，都有「必須如此」的道理，如果找不出道理，就要重新思考，它是否應該存在。

有些企劃案，idea 很好，執行結果卻完全崩壞。因此，在最後這個階段，更要將前述三項重點謹記在心。

目的是什麼？

待解的問題或意圖說服及展現的觀點是什麼？

解法的重點是什麼？

執行團隊是否因為任何人為因素或時間問題，而妥協了最核心的部分？

「精準度」最好的評估方式就是以上三個提問，幫助團隊確認是否走在正確的道路上。

● 精準度

最後一哩路是最重要的。

以做書為例，假設我們有很好的內容，卻做了一個不恰當、甚至糟糕的封面，那麼這本書根本沒機會被讀者拿起來翻閱，有好內容何用？

曾經想報名參加某活動，在主辦單位提供的網頁上滑了半天找不到報名連結。花了許多時間才發現埋沒在眾多資訊中，一處十分隱蔽的地方。這也是可惜的案例，猜想不少人中途就會放棄了。活動本身耗費許多人的心力，那些講師肯定也是費了一番工夫才邀請到，更不用說過程中的各種溝通，結果，活動本身確實吸引人，想報名的觀眾卻不得其門而入。

還看過這樣的例子：第一線人員對公司所辦的活動一無所知。企劃部花了很多心思對外宣傳，卻忘了對內。負責執行的門市人員未獲得對等的溝通，以至於不明白辦此活動的目的，投入度及熱情自然不高，不會主動將活動訊息告知消費者，對於消費者的提問也是一問三不

知。結果造成線上宣傳反應熱絡,實際上參與的人數卻無法反映網路上的熱度。

這都是功虧一簣的案例。

精準度,到最後一刻都必須堅守。

《品味,從知識開始》,水野學著,葉韋利譯,時報文化。

不卑不亢

有時候，並不是事情本身複雜，而是工作者使事情變得複雜。複雜，會讓一個人工作加倍辛苦，不明白所為何來。

因此，對我來說，企劃思考是使事情回歸本質及簡單的方法。

如果確實走過先前的步驟，到了執行階段，理論上，事情會變得「簡單」許多。簡單的好處是什麼？簡單意謂著不需自設路障──揣測上意、求別人幫忙，這些都會增加行走的困難。我們不需選這麼複雜的作法，也不需要違背自己意願妥協。

想清楚「為何而做」，也知道對公司、對客戶或合作對象的益處是什麼，回歸本質思考即可。

如此一來，我們便能對自己所代表的品牌／商品／行動
有信心，不需要吹牛，也不必自貶身價。

●　■　●　■

「不卑不亢」，是我在工作職場中始終奉行的準則。不
論是菜鳥階段還是成為主管之後，不論對方是總經理還
是實習生，不論有無職銜，對我來說，人與人之間都是
對等的。對任何人都抱持敬意，對任何人都不需卑躬屈
膝，這樣的態度，反而有助於把焦點放在欲協調的任務
上，不需為周邊的事物分神。

小公司對上大公司、一個人對一整個 team、沒有預算
的情況下去談合作⋯⋯都不是問題。如果心理上已認定
「我們公司太小，對方不會理我」、「沒有足夠的預算，
合作很難談成」、「我的職位太低得不到信任」⋯⋯那麼
還沒踏出門就已經失敗了。

一項合作能不能成，那個「為什麼」才是最重要的。如果清楚目的，就會有自信，有自信，對方就會看重「我」。

· ▨ · ▨

我們以一個假想的案例為例，假設有個NGO組織想和企業合作，共同倡議對社會大眾有益的行動。事實上這個企業自己也標榜在做這樣的事，所以NGO組織才會找上它。但是洽談過程中，該企業不斷以高姿態詢問：「我們能得到什麼好處？」NGO組織該如何回應？

如果是你，你會如何回答？

事實上，讓對方開口問這句就有點失敗了，代表在洽談前沒有先思考清楚說服對方的理由。以這類合作來說，說服有幾個層面，首先該企業平時是否就有關注此議題，是決定性因素。如果有，並且企業不需額外付出，不需出錢、也不需調整原有工作模式，只需掛名及共同

宣傳，這項合作非常有機會讓對方開開心心答應，甚至主動提供更多。無論如何，至少不會是品牌方姿態高過NGO。

除非是對方完全陌生的議題，第一階段任務就會變成先說服對方認同這件事的重要性；其次，如果需要對方額外付出（贊助或出人力等等），那麼要說服的力道及相關準備，就必須更充足。

總之，洽談合作是一種權衡，我們必須在開口之前先了解雙方的需求及籌碼，一旦要開口或踏出去，就要有自信。不能懷抱著對方一定會答應的天真想法，也不該認同「對方是大品牌，我是沒什麼資源的NGO」，以心虛的態度去叩門。

如果我們自信不夠，先矮化自己，開始設法提供更多宣傳效益的保證，就是一件注定失敗的事。

乞討，是企劃人的大忌。每乞討一次，別人重視你的程

度就降低一分。如果我們很清楚「為何而做」，無論面對誰，都應該抬頭挺胸。會使我們抬不起頭的事，本來就不應該做。

NGO組織應該對該品牌說：沒關係，謝謝您的回覆，那麼我們就不把貴公司列入，我們會去宣傳其他企業。如果你有自信這麼說，對方反而會更相信你確實有能力做出什麼，而使態度軟化。

如前所述，企劃執行的過程本來就會面臨各種變數，變數未必不是契機。

我們如何看待自己，別人便會如何看待我們。我們如何看待事情，事情就會往那個方向發展。如果我們認為「只能這樣」，那就看不到其他可能性。

企劃人必須看到可能性。與此相連的是心態，薄弱的心態無法幫助我們成為真正的企劃人。

「不卑不亢」是個提醒，永遠回到初衷，走簡單的路。

不卑不亢需要一定程度的自信，自信來自理性思考的結果。如果確實走過企劃思考的步驟，你一定會有自信。

邀約的學問

成敗的關鍵，經常源於小事。

任何企劃案的執行，都有許多機會與他人合作，不論是工作夥伴或受邀講師，合作能不能成，有時未必與案子本身有關，而是由邀約者（執行窗口）的「sense」所決定。

我自己很常收到一類邀約信：對方花了許多篇幅介紹公司及活動，包括前幾年舉辦的成果，問我有沒有興趣參與，但全篇沒提到費用，有時連需要我做什麼也隻字未提。

在「溝通的方法」那一章，我們已經談過，溝通的橋梁能不能建立起來，其中一個關鍵是「站在對方立場思考」。不是自說自話、急著把自己想說的說完，而是換位思

考：如果你是受邀者，你會需要哪些資訊才有辦法評估
要不要接受邀約？

對自由工作者來說，時間就是最大的成本，選擇了做這
件事，就沒有時間做別的事，收入是會浮動的。因此，
我必須知道工作內容（要花多少時間準備和參與）及酬
勞，兩項資訊同等重要。如果不知道做這件事有多少報
酬（甚至沒有報酬），我就無法評估並給出答案，那麼，
這封邀約信就是無效的。

因為太常發生這種狀況，來來回回浪費許多時間，因此
我擬了一份問卷，請邀約單位先填妥，我們再接續談。
（問卷列在後文供參考）你不一定要完全按照我列的問
題去做，因為每個案子性質不同，邀約對象考慮的因素
也有差異，但總之，原則是一樣的，多一點同理心，掌
握溝通的方法，你會發現事情忽然順利起來。

這裡所談的「sense」，一部分是貼心，一部分是禮貌。
禮貌並不只是道德訴求，它會讓你在職場上無往不利，

更受歡迎。而且,我想強調,禮貌不是奉承,禮貌是真
誠的態度和理性思考的結果。

●　　■　　●　　■

以邀約演講來說,一封邀約信至少需包含以下資訊:

- 活動目的
- 演講主題或方向
- 為何邀約對方
- 個人演講還是多人講座?實體還是線上?
  (如果是多人講座,或一系列演講其中一場,
  順帶列出其他講者名單更好。)
- 日期時間及演講長度
- 地點(如果是實體演講)
- 目標聽眾及預估人數
- 酬勞(是否提供車資住宿補助、支付方式和日期)

你可以打開先前寫過的任何一封邀約信，對照檢查缺了哪幾項。以及，如果這些訊息都在第一封信就清楚告知，將能省下後續幾封信的時間？

你會發現，這封信能不能寫得好，與目前為止我們談過的企劃步驟都有關聯。反過來說，如果這件小事都做不好，顯見整個活動經不起檢驗，可能從最源頭開始就有許多破綻。

當我們要開口，應該為能預期到的狀況，準備愈充足愈好。不等對方詢問，我們已備妥答案，這場對話成功的機率會高出非常多。什麼是「能預期到的狀況」？這就是企劃人能力高下之所在了。請讀者回頭參考「溝通的方法」那一章。

◦　▪　◦　▪

以上談的是邀約信基本該注意的部分，除此之外，還有

最重要的一點──如果你已猜到，就可以從溝通課畢業了──「對方為什麼要接受邀約或提議？」

我相信很多人在送出信件或訊息時，並沒有思考這一點。多數工作者就只是把動作完成，並沒有在行動前先自問：為什麼對方要答應？我們提出的這項邀約或建議，對他來說，有吸引力嗎？對他的好處是什麼？如果是你，你會欣然接受嗎？

經過這些思考之後再邀約，內容、口吻、文字的組織方式，一定會很不一樣。

如果我是邀約者，一定力圖把方方面面說明清楚以說服對方，我不會冒著對方因為資訊不足而略過我的風險。同樣，如果我是受邀者，若感覺需要太多來來回回的溝通，我也會放棄。

因此，提出邀請之前，請先確定，你已思考過對方可能答應的原因，至少你必須能說服自己，如此才有機會說

服別人。

如果沒有這點把握，回頭檢視你的提案，是在哪個環節設計不良，以至於生出一個連自己也無法說服的提議。重新發想更有趣的企劃、更聚焦在有意義的部分，或是提高酬勞。

公司的豐功偉業請放在附件，這件事與受邀者無關。除非你很確定那些資訊能引起受邀者的認同，否則「沒有加分，就是扣分」，不要浪費對方用在這封信上短暫的注意力。

同樣是陌生邀約，有人寫一封信就成功，有人三催四請就是得不到回覆。這當中的學問，企劃人要自己琢磨，努力朝前者邁進。

「行銷」是思考企業、經營者、商務人士
「應有姿態」的行動思維。

—————————《SNS社群行銷術》

我們都有過這樣的經驗：為參加促銷活動或抽獎而追蹤
某個帳號或訂閱頻道，等活動結束或目的達到就退追。
《直擊！森美術館數位行銷現場》書裡稱這些帳號為
「表面功夫帳號」，也就是說，社群媒體只在「發糖」時
才有人理會，淪為做表面功夫的地方。

如果企劃案的執行只和企劃案發生的時間有關，執行就
會非常困難。

這是什麼意思？

請各位檢視一下自家粉專，除了商品推出或活動訊息，粉專平常時間都分享些什麼？該不會你的公司粉專就是那種追蹤人數可觀、然而每篇文的觸及率及分享數都非常低的帳號？

各位思考過原因嗎？

如果你剛好是小編，為了在會議上給出好看的數字，你選擇怎麼做呢？猜測粉絲可能會有興趣的內容並多分享這類貼文、和時事掛勾（蹭熱度）、獵奇……是不是都先從揣測追蹤者的喜好著手？為一時，而非為永久。

但，這些人會成為忠實粉絲嗎？

更糟的是，只在有商品或活動推出時才貼文，粉專變成促銷帳號。會有人專門去看促銷帳號嗎？

◎ 不要讓粉專變成促銷帳號 ▣

> 偉大的品牌不說自己是誰，只談自己熱愛什麼。
>
> ————《創意入門》

讓我們回到社群的本質。

所謂社群，是有著共同的興趣、嗜好、價值觀而聚在一起的人們。它會有黏著度，能得到持續的關注，一定是因為這份被吸引的初心持續被滿足。

所以，粉專的功能並不是在有商品推出或活動告知時擔任布告欄的角色，它是不斷增強溝通及信賴感的管道。

當然，如果企業本身沒有核心態度，這件事做不到。這就回到企劃的第一步——確認目的——活動或商品為何推出，來自於企業或品牌成立的目的。企劃是不斷加強企業或品牌成立目的的作法，如果第一步都無法確立，後續幾乎不可能成功。

因此，粉專作為溝通（重要）的一環，必須要能發揮建立

橋梁及信賴感的功能。換句話說，粉專最重要的角色扮演是在平時，而不是活動或商品推出的那段時間。平時就要以企業或品牌成立目的為核心，不斷溝通符合核心精神的事。

「管理員培育的帳號，應該不依賴宣傳活動，而是運用貼文或企業本身建構而成的世界觀，自然而然地吸引真心熱愛的用戶聚集。」

這是直球對決。以「虛、騙」為號召的商家無法這麼做，不清楚自身企業或品牌成立目的的組織，也不會做。

網路的出現改變了銷售生態，消費者擁有更多主導權。這件事恰好迫使所有人回到經營事業的本質：我們這間公司為何存在？

這也正是賽門·西奈克黃金圈理論的核心。他在 TED 創下六千多萬瀏覽人次的演講，主題是「偉大領袖如何激勵行動」，事實上他談的就是溝通。

「……（黃金圈）最外側是 What，意指『現在在做的事』、事實。以企業來說就是服務內容和商品。中間的圓是 How：『如何做』、實現事物的手法。以企業來看就是差異化的點或獨家流程等。最後是圓心 Why：『為什麼要做』，信念。以企業來說就是做這些事的目的或原因，也可稱存在意義或有助社會公義的事。（至於利潤則不屬於目的而是結果，西奈克如此斷言。）」

「像 Apple 或 Nike 這種很善於製作廣告的品牌，他們不在廣告中談論自己，而是在廣告中表達自己『喜歡』的事物以及值得讚頌的事物。當然商品或許多少會在廣告中出現，但品牌並不會絮絮叨叨地介紹商品。偉大的品牌知道這些都是次要的。偉大的品牌不說自己是誰，只談自己熱愛什麼。」

「令人惋惜的是，在商務世界裡……大部分品牌都把短期銷售視為 KPI（關鍵績效指標），為了獲得『初次消費的客人』卯足全力。」

並不需要一再述說「我們家有什麼」、「我們家賣什麼」，分享你所代表的品牌喜歡的事、看重的價值，追蹤者能從這些分享當中獲得共鳴或啟發，那就是友誼建立的開始。

回應 Why，而不是只在 What 和 How 上面打轉，那就是擁有忠實追蹤者，持續追蹤並關注的原因。

● ■ ● ■

事實上，很多人對廣告也有所誤解。

「『廣告』（advertising）與『促銷』（sales promotion）看起來很像，本質上完全不同。廣告的目的是『讓人喜歡品牌』，促銷則是『大量販售商品』，目的完全不一樣。」[6]

現今網路上鋪天蓋地的廣告，讓人根本無法好好閱讀文章，想當然耳大部分人都不會點閱廣告，恨不得那個

「✕」儘快出現把它按掉。因此廣告商才會費盡心思讓「✕」隱微，甚至讓人誤按，以騙取點擊率，因為他們自己也知道，這些訊息「沒人想看」。

這種作法實際上有違廣告的本質。

廣告的目是要讓人「愛上品牌」。如果我們把粉專視為廣告的一部分——事實上我認為粉專的功能不只是廣告——就算將粉專窄化如此，它也應該讓人愛上該品牌或經營品項，有了這股凝聚力，我們才能稱之為「社群」。

●　▪　●　▪

一旦思考清楚，所有粉專都會成為助力。當活動或產品推出，它會順勢，並不需要辛苦推銷，召來一堆「只是為了活動才追蹤帳號，等活動結束就退追」的人。到這時候，我們才會真正感受到「社群」的威力。擁有共同世

界觀或價值觀的盟友，可以並肩成就看似不可能的事。

建議所有人都要認真看待粉專，不要把它當作不得已的事。它是我們交朋友的方法。你在現實世界中如何交朋友，希望你的朋友如何對待你，就一視同仁運用在粉專上。

我們不需要很多一時路過（占便宜）的人，認真交往的朋友，每一位都抵得上無數來來去去的過客。

很多人不相信商業上及網路上的成功能以真心連結，對待顧客總是利益優先。我自己的經驗卻非如此。只要是建立關係，我認為在真實的人際關係中行得通的作法，在虛擬世界也是一樣。重點是，以此方式看待工作，會更有成就感，而且更快樂。

1、2　參見《直擊！森美術館數位行銷現場》，洞田貫晉一朗著，蔡青雯譯，麥浩斯。

3〜6　參見《創意入門》，原野守弘著，張雅琇譯，基因生活有限公司。

企劃就是
無數細膩的溝通

企劃書是為了介紹知識、故事、價值，
而寫給消費者的信。

——————《品味，從知識開始》

我們可能以為想出了好點子，想邀的人也都邀請到了，
每件事都在進行中，似乎即將大功告成。但是，真正的
考驗或許現在才開始。

每一位與你接觸的人是否與你有相同的認知？
合作對象是否都懷抱著喜悅期待的心情，還是有人
心生不滿？
贈品送達貴賓手上時能否確實讓他感受到驚喜？

設計師、攝影師等外包人員是否了解專案的目的？

每一位現場工作人員是否都清楚自己的任務？

成功的企劃其實是無數細膩的溝通所促成的。每回靜下來仔細思考，一定都有溝通不完全的環節。任何一個環節只要溝通不到位，就有可能成為整體失敗的原因。

在同一個領域競爭，比的是企劃，而企劃的成敗，比的是溝通。

溝通愈細膩，企劃愈精準。

企劃是使人自由的方式

如果你跟我一樣不喜歡被管束，那沒有其他辦法，一定需要練習成為企劃人。

我希望跟老闆的關係是這樣：確定好大方向之後，不要管我細節。只要目的清楚，我希望保有「如何做」的自由。這不是耍個性，而有其務實的理由。

首先，這麼做，事情比較不會出錯。原因如前所述，只要了解清楚「為什麼」，「做什麼」就不是問題。

其次，一項任務執行過程中有非常多環節，通常並非一個人能夠獨力完成，如果參與者對目的一知半解，行動就不會精準。此外，只著重在「事」而非「目的」，較難有因應變數的彈性，任何突發狀況都要等待指示，會虛耗許多時間，效率不彰。

最後，也是最重要的一點，重視目的而不規範作法，工作者才有存在的價值。我能發揮自己的創意和能力，去

給出跟別人不一樣的答案。

我能在工作崗位上創新，意謂著雇用我的企業也能創新，我的答案，會幫助我的企業立足更穩。

如果我能一次次使老闆放心，他就會給我更大的自由。不需要盯我細節，老闆輕鬆，我也輕鬆。在工作中得到成就感，我會更樂意付出。對老闆和員工來説，都是雙贏。

所以，對我來説，成為企劃人是使我自由的方式。

能負責的人才是自由的人

自由並不輕鬆。
想清楚,你要的是輕鬆的人生,
還是自由的人生?

——————《成為自由人》

聽命行事是最輕鬆的,別人說什麼就照做,是最簡單的。但是,輕鬆並不會帶來自由。設定一個框框把自己罩起來,看似安全,但是,活在圍牆之內的人,並不是自由的人。

如果我們想走自由的路,必須先思考,對我們而言,何謂自由?

我認為自由是一種承擔。自由的意思是,我為自己的決定負全責。

薩古魯曾為「負責」下很棒的定義:

「『責任』（responsibility）純粹是指『回應的能力』（ability to respond）。如果你決定『我有責任』，你將會擁有回應的能力。它唯一要求你做的事情是，去了解要為自己所有的『是』和『不是』、『所有可能會發生』和『不會發生』在你身上的事情負責。

「『負責任』是指『有意識地回應情況』。一旦你負起責任，你將會不停地探索處理這個情況的方法，並且尋找解決方案（…）『慣性反應』是奴役，『責任』（有意識地回應）即是自由。

「如果有人踩了我的腿，我的腿受傷了，而我認為這是他的責任，我就會追著他的腿跑，而不會去任何我想去的地方。如果我能看到我有責任，我會把腿治好，然後去走我自己的路。哪一種是更聰明的存在方式？」

一個好的企劃人必須是願意走上自由之路的人。他對任何處境都有回應的能力，「不停地探索處理這個情況的方法，並且尋找解決方案」。

「負責任」是擁有選擇的自由。

企劃人必須深刻理解承擔與自由的關係，才能看得到別
人沒看到的可能性。

也是這份可能性，幫助我們成功。

總結：企劃的步驟

1. 確認目的

2. 定義問題

3. 提出解法

4. 精準執行

企劃人十誡

1. 不要做100件事但每件事都不及格，寧可專注在最核心的10件事情上，每件事都做到100分。

2. 不要開啟一個自己都不感到興奮的計劃。

3. 不在重要的環節上妥協。

4. 不要讓次要訊息獲得比主訊息更多的聲量。

5. 不要未經思考就把問題丟出。

6. 不要在自認矮人一截的情況下，去做任何形式的談判。

7. 不要做別人都在做的事，除非你能賦予新鮮感。

8. 勿將手段當成目的。

9. 無法回答「為什麼」的時候，請從頭開始。

10. 不做不能加分的事。

結語

Epilogue

成為企劃人

刺激和回應之間有空間，
空間裡是我們選擇回應方式的權力，
回應方式裡有我們的成長和自由。

————《也許你該找人聊聊》

在網路上搜尋「什麼是企劃」，會得到一長段關於企劃的複雜說明。但對我來說，答案始終簡單：企劃是「從A到B的過程」，企劃人就是「解決問題的人」。「從A到B的過程」可以涵納任何領域，企劃就是回應問題的方法。

現今組織裡的企劃部門包含多種功能：行銷、公關、宣傳、辦展會活動、社群經營……這些項目或許都能包含

在企劃當中，但是企劃並不等於其中任何一項。企劃能力可以應用在各個領域，不僅是企劃部門，研發部門、行政部門、管理階層，甚至學生、家庭主婦、記者、設計師⋯⋯所有人都能用得上。因而我認為用工作項目來定義並不精準。

某個任務或狀況發生，我們如何回應──不是反射動作，而是動用思考的回應──這就進入了企劃的範疇。

日本設計大師松永真曾說過，「美術設計就是一種俯瞰」。他的意思是，設計師必須鍛鍊自己，要有身為社會一分子的意識，對社會有什麼想法、有何不滿，要用一體全觀、整體的角度觀察，否則就稱不上是美術設計。

如此看待設計的氣魄令人肅然起敬。我認為，企劃也是一種俯瞰。俯瞰需要清晰的洞察，去看出事物的脈絡。

愛因斯坦曾說，「如果我有一小時的時間解決某個問題，我會花五十五分鐘思考問題，然後用五分鐘想答案」。

■ 成為企劃人 ●

企劃實際上也是一種思考風格。

這本書的目的是希望能幫助企劃人員或對企劃有興趣的朋友,從幾個簡單的原則去認識企劃這項有趣又具挑戰性的工作,進而能夠活用。

曾在書裡讀過,某個原住民族群的語言中,並沒有名詞,所有的事物都是動詞,都在「成為……中」。以岩石為例,以他們的語言來說便是「(正在)成為岩石」。沒有一種事物是「完全的」、「停滯的」,所有事物都在變化,是進行式。不禁覺得,這樣的描述和世界觀,似乎更符合世界真實的樣子。

因此,「成為企劃人」的意思便是:朝著可能性前進。這是一項持續性的、進化中的學習。企劃本身就是創造可能性,企劃人不能被框架束縛。在眾人未意識到問題及突破點之前,企劃人要領先眺望。

我認為這份投入是值得的。盼望這本書能作為起點,幫

助每位企劃人進入「成為……之中」，去享受企劃帶來的
樂趣、自由與改變。

1 《也許你該找人聊聊》，蘿蕊・葛利布著，朱怡康譯，行路出版。
2 參見《日本設計大師力》，社團法人日本平面設計師協會、後藤繁雄編
　著，桑田草譯，原點出版。

為自己設計
能享受其中的工作

一般來說，創業的目的是擴大規模、增加營收，但我的
想法稍有不同。呼應本書主張的「從根源思考」，我為自
己設想的終極企劃是——企劃一個我能享受其中的工作
及人生。

先前談過，每個人做選擇的真正目的，是因為我們認為
這項選擇能為我們帶來更好的人生。因此，幸福人生才
是目的，擴大規模、增加營收並不是。

重點來了，每個人對幸福的看法不同。

對我來說什麼是幸福人生？我對這道題所思索的結論，
應該要能反應在我為自己所做的每項決定。我的決定影
響我的行動，我的行動，就是我回應「何謂幸福人生」的

解答。

經常有讀者朋友問我「安全感」的問題，傳統觀念建議（或強迫）年輕人找安全穩定的工作，有何不好？我認為，「好或不好」要回到我們對「安全」的定義。

我看到很多人實踐安全的作法是忽視或壓抑自己內在的探索及渴望，將幸福押注在未來的實現。對我來說，這反而是最不安全的作法。人生變數很多，不論我們願不願意正視，「未知」和「變化」是生命的本質，硬是要它按寫好的劇本發展，對生命來說反而是不自然的。

除非萬不得已，否則我不願意將幸福設定為一場未來的賭局。它應該是當下每個決定的根源。

「因為我能享受過程，所以做這樣的決定。」

生命就是過程，如果過程沒有意義，過程累積的時間（生命）就沒有意義。這是我為自己人生所進行的企劃思考。

我想要每天起床都有值得為它投入的、有趣或有意義的事，每天睡前都能感謝活著。任何一刻離世都沒有遺憾。

這是我生命中最重要的企劃。希望在旅程結束時，我也會同意，它是我一生中最滿意的企劃。

關於企劃

- 《練習幸福工作》 小山薰堂著，張玲玲譯，遠流出版
- 《大哉問時代》 華倫‧伯格著，丁惠民譯，大是文化
- 《動機，單純的力量》 丹尼爾‧品克著，席玉蘋譯，大塊文化
- 《剛好，才是最好》 甲斐薰著，林欣儀譯，臉譜出版
- 《獻米給教宗的男人》 高野誠鮮著，莊雅琇譯，時報文化
- 《未來食堂》 小林世界著，鄭雅云譯，啟動文化
- 《進擊的日本地方刊物》 影山裕樹著，林詠純譯，行人文化實驗室
- 《重新編集地方》 影山裕樹編著，林詠純譯，行人文化實驗室
- 《食鮮限時批》 高橋博之著，簡嘉穎、万花譯，遠足文化
- 《品味，從知識開始》 水野學著，葉韋利譯，時報文化
- 《解謎蔦屋》 川島蓉子著，蘇暐婷譯，麥浩斯
- 《知的資本論》 增田宗昭著，駱香雅譯，天下文化
- 《書店學》 Gestalten編著，劉佳澐、杜文田譯，積木文化

關於策展

- 《Curation策展的時代》 佐佐木俊尚著，郭菀琪譯，經濟新潮社

■ 感謝的書 ○

關於創意

· 《讓創意自由》 肯·羅賓森著,黃孝如、胡琦君譯,天下文化
· 《想像力的文法》 羅大里著,倪安宇譯,網路與書出版
· 《創意入門》 原野守弘著,張雅琇譯,基因生活有限公司
· 《放空的科學》 雷納·曼羅迪諾著,洪慧芳譯,漫遊者文化
· 《如何[無所事事]》 珍妮·奧德爾著,洪世民譯,經濟新潮社
· 《自由玩》 史蒂芬·納赫馬諾維奇著,吳家恆、吳以勻譯,
  黑眼睛文化
· 《驚奇的力量》 塔妮亞·露娜、黎安·倫寧格著,劉怡伶譯,
  漫遊者文化
· 《藝術家想的跟你不一樣》 威爾·岡波茲著,沈耿立譯,遠流出版

關於行銷

· 《SNS社群行銷術》 藤村正宏著,黃瓊仙譯,凱特文化
· 《直擊!森美術館數位行銷現場》 洞田貫晉一郎著,蔡青雯譯,
  麥浩斯
· 《行銷的多重宇宙》 陳偉航著,時報文化

關於設計

· 《設計好味道》 梅原真著，陳令嫻譯，行人文化實驗室
· 《日本設計大師力》 社團法人日本平面設計師協會、後藤繁雄編著，
  桑田草譯，原點出版
· 《地方設計》、《地方編輯》 蔡奕屏著，果力文化

成為企劃人

作者	李惠貞
副社長	陳瀅如
責任編輯	陳瀅如
行銷業務	陳雅雯、趙鴻祐
企劃協力	高耀威
裝幀設計	霧室
攝影	拾蒔生活製作所
印刷	前進彩藝有限公司
出版	木馬文化事業股份有限公司
發行	遠足文化事業股份有限公司（讀書共和國出版集團）
地址	231023新北市新店區民權路108-4號8樓
電話	02-2218-1417
傳真	02-2218-0727
客服信箱	service@bookrep.com.tw
客服專線	0800-221-029
郵撥帳號	19588272 木馬文化事業股份有限公司
法律顧問	華洋法律事務所　蘇文生律師
初版一刷	2024年5月
初版四刷	2024年8月
定價	NT$450
ISBN	9786263146624（平裝）
	9786263146518（EPUB）

國家圖書館出版品預行編目(CIP)資料

成為企劃人 / 李惠貞著 · —初版 · —新北市：木馬文化事
業股份有限公司出版：遠足文化事業股份有限公司發行，
2024.05　240面；13×19公分
ISBN 978-626-314-662-4(平裝)
1.CST：行銷學

496　　　　　　　　　　　　　　　113004956